TOILETTE

D'UNE ROMAINE

AU TEMPS D'AUGUSTE

ET

CONSEILS A UNE PARISIENNE

SUR LES COSMÉTIQUES

IMPRIMERIE GÉNÉRALE DE CH. LAHURE

Rue de Fleurus, 9, à Paris

TOILETTE
D'UNE ROMAINE

AU TEMPS D'AUGUSTE

ET

CONSEILS A UNE PARISIENNE

SUR LES COSMÉTIQUES

PAR

LE DR CONSTANTIN JAMES

Ancien collaborateur de Magendie
chevalier de la Légion d'honneur et des ordres de Frédérick du Wurtemberg
des SS. Maurice et Lazare de Sardaigne, de François Ier des Deux-Siciles
du Christ du Portugal, d'Adolphe de Nassau
de Léopold de Belgique, de Charles III d'Espagne
membre de plusieurs académies françaises et étrangères

DEUXIÈME ÉDITION

PARIS
LIBRAIRIE DE L. HACHETTE ET Cie
BOULEVARD SAINT-GERMAIN, N° 77

1866
Droit de traduction réservé

AVANT-PROPOS

DE LA PREMIÈRE ÉDITION.

(Mars 1865.)

La chimie a fait dans ces derniers temps de tels progrès, que ses produits sont assez généralement passés dans le domaine de l'industrie. Malheureusement, parmi ces produits, bon nombre représentent des poisons véritables, et, chose qu'on ne saurait trop déplorer, on les associe, d'habitude, aux substances qui devraient être au contraire les plus hygiéniques. Qu'y a-t-il, en effet, qui se rattache plus directement à l'hygiène que les cosmétiques destinés à nos usages de chaque jour ? Or, ils renferment pour la plupart des agents vénéneux, cause première d'accidents d'autant plus redoutables qu'on est plus porté à en méconnaître l'origine. C'est au point que cette question des cosmétiques s'est presque élevée à la hauteur d'une question sociale.

Et cependant aucun médecin, jouissant de quelque autorité dans la science, n'a osé encore en aborder l'étude, comme si on ne pouvait traiter de semblables matières sans déchoir et sans déroger.

De tels scrupules, tout respectables qu'ils sont, me paraissent sans fondement. Qu'importe la futilité apparente du sujet dès l'instant où la santé publique est en jeu ! Je viens donc rompre ici un silence trop longtemps prolongé, et, pour bien définir ma pensée, j'intitule carrément ce travail : *Cosmétiques d'une Parisienne au dix-neuvième siècle.*

On me demandera sans doute pourquoi une Parisienne plutôt, par exemple, qu'une Anglaise, une Allemande ou une Espagnole. Est-ce là de notre part un vain caprice ou, mieux encore, une simple satisfaction donnée à notre amour-propre national ? Non ; c'est l'opinion elle-même qui nous a dicté ce choix, nulle autre n'ayant plus de droits qu'une Parisienne à se dire reine de cet empire qui a le monde pour limites et qu'on appelle la mode.

Mais cet empire d'autres l'avaient exercé avant elle. Aussi devrons-nous distinguer ce qui lui revient en propre, d'avec ce qu'elle n'a eu que la peine d'adapter à ses goûts, à ses usages, à son temps. Il va nous falloir pour cela chercher dans l'antiquité quelque type qui soit digne de lui être opposé. Ce type, où le rencontrer ailleurs qu'à Rome ? Rome, sous les premiers Césars, représentait un centre où venaient s'absorber toutes les nationalités du globe, de même que, de nos jours, Paris représente un foyer d'où rayonnent, illuminés de son empreinte, tous les perfectionnements du goût contemporain. Nous ne saurions donc mieux choisir, comme introduction et comme pendant aux cosmétiques de notre Parisienne, que la *Toilette d'une Romaine au temps d'Auguste.*

Notez que nous disons « Toilette », et non plus seulement « Cosmétiques. » C'est qu'en agrandissant ainsi le champ de nos remarques, nous nous ménageons de pouvoir glaner plus à notre aise dans cette antiquité vers laquelle nous ramènent, tout à la fois, et le charme d'anciens souvenirs et la perspective de piquantes révélations. J'y vois surtout l'avantage de jeter, tout d'abord, assez d'intérêt et de variété dans nos récits, pour préparer les voies à la partie réellement pratique de cette étude, celle qui a trait à notre Parisienne. J'use ainsi, et il serait peut-être plus habile à moi de n'en point faire l'aveu, j'use ainsi d'un artifice bien connu déjà des médecins d'autrefois, comme le prouve ce charmant passage de Lucrèce :

Sed veluti pueris absinthia tetra medentes
Quum dare conantur, prius oras pocula circum
Contingunt mellis dulci flavoque liquore.

Pour présenter l'absinthe à ce débile enfant,
Sur les bords de la coupe ainsi ta main savante
Verse d'un miel doré la liqueur décevante.
Du bienfaisant breuvage ignorant l'âpreté,
Heureux dans son erreur, l'enfant boit la santé.

———

Février 1866. — Si je reproduis, sans y rien changer, l'*Avant-propos* de la première édition de ce livre, c'est que, pour cette édition-ci, l'ouvrage est resté le même aussi bien par son but que par son plan. Je l'ai seulement complété à l'aide d'assez nombreuses additions dont voici les principales :

J'ai fait précéder chaque chapitre d'un sommaire

qui, en permettant d'embrasser d'un coup d'œil les sujets qui y sont traités, abrége et facilite les recherches.

J'ai consacré beaucoup plus de développements aux questions si complexes que soulève l'emploi des cosmétiques, persuadé que la forme légère de ce travail ne pouvait trouver son excuse que dans le caractère pratique de sa rédaction.

Désireux de m'éviter de nouveau le reproche, mérité peut-être, de « voir des poisons partout, » j'ai eu soin de mentionner, à côté des préparations dangereuses, les préparations utiles ou du moins inoffensives. Le dirai-je? Je me suis même fait, par moments, quelque peu parfumeur, en proposant pour divers produits réellement hygiéniques des formules qui me semblaient préférables à celles dont on use habituellement.

Enfin, si ma grande préoccupation a été beaucoup moins de faire une œuvre amusante qu'une œuvre instructive, je n'ai pas dû négliger pour cela la partie anecdotique. Comment, en effet, surtout quand il s'agit de sujets de cette nature, pouvoir, je ne dis pas être goûté, mais seulement être lu, à moins qu'on ne parvienne à soutenir l'intérêt par la variété de ses récits? Je me suis souvenu de ces paroles du poëte :

L'ennui naquit de l'uniformité.

TOILETTE

D'UNE ROMAINE

AU TEMPS D'AUGUSTE

TOILETTE

D'UNE ROMAINE

AU TEMPS D'AUGUSTE

LES DAMES ROMAINES.

Leur coquetterie; la femme est toujours femme; plan de
ce travail; sa division en trois parties.

Tout ce qui se rattache à l'ancienne Rome occupe
une telle place dans les souvenirs de nos jeunes ans,
que le nom seul de l'immortelle cité a le privilége de
réveiller en nous je ne sais quel passé de grandeur
et d'héroïsme. Le citoyen romain est toujours à nos
yeux ce personnage légendaire qui se drape dans la
majesté de son titre et que, pour employer l'image
d'Horace, « l'univers, en s'écroulant, peut atteindre,
mais non ébranler : » *Impavidum ferient ruinæ.*

Vainement les faits donneront à cette manière de voir les démentis les plus formels. Pour les hommes, comme pour les objets placés dans un certain lointain, les distances créent des effets de mirage dont nous sommes d'autant plus facilement la dupe qu'ils flattent nos préjugés, nos goûts, en même temps qu'ils prêtent à l'illusion les apparences de la réalité.

Il n'est pas jusqu'aux matrones à qui notre admiration n'accorde, de même, des proportions exagérées. Nous aimons à nous les représenter comme des êtres à part, glorieux assemblage des Camille, des Cornélie et des Lucrèce. Or, est-il vrai que le désir de paraître belles ne les ait jamais entraînées à commettre aucun acte de haute coquetterie? Pensez-vous, par exemple, que toutes eussent pu répondre, comme la mère des Gracques, que « leurs enfants étaient leurs seuls et uniques joyaux? » La lecture des auteurs qui nous ont initiés aux mœurs du siècle d'Auguste démontre, au contraire, une fois de plus, la justesse et la portée de ce mot tant de fois cité de Térence : « Je suis homme; rien de ce qui appartient à l'humanité ne saurait m'être étranger : »

Homo sum ; humani nihil a me alienum puto.

La femme, en effet, a toujours, elle aussi, été femme, et, aux époques même où elle nous étonne le plus par l'audace ou la magnanimité de ses actes, vous verrez qu'elle n'a jamais été complétement exempte des faiblesses qui semblent être inhérentes à son sexe. Le dirai-je? Je suis loin de lui en faire un reproche. Il est même certain degré d'héroïsme que je n'aime point à lui voir atteindre, surtout quand c'est aux dépens de ce que je n'hésite pas à appeler ses sentiments naturels. Aussi n'ai-je jamais pu admirer le mot de cette Spartiate à son fils, en lui remettant son bouclier : « Reviens dessus ou dessous ; » en d'autres termes : « Meurs ou triomphe. » Non, ce ne sont point là les adieux d'une mère à son enfant. Tout au plus pardonné-je au vieil Horace son fameux : « Qu'il mourut ! »

Mais rassurons-nous. Les Spartiates de cette trempe étaient rares, même parmi les matrones de Rome. C'est du moins ce qui me paraît ressortir des documents légués par les écrivains de ce grand siècle, documents tellement circonstanciés et minutieux qu'on pourrait presque les intituler, comme certain ouvrage de nos jours : « Les Romaines peintes par elles-mêmes, » en donnant au besoin au mot *peintes* une double signification. On en jugera par les détails qui vont suivre. Et, pour qu'il soit bien prouvé que je ne fais point ici une œuvre d'imagination ni de fantaisie, j'aurai soin, comme pièces justificatives, de m'appuyer toujours sur les textes originaux.

Nous allons donc, nos auteurs en main, examiner en quoi consistait la TOILETTE D'UNE ROMAINE.

Or, par « toilette » nous ne désignons pas seulement l'ensemble des soins plus ou moins hygiéniques auxquels elle aura recours pour mettre en relief ses agréments personnels et, au besoin, pour suppléer à ceux qui lui manqueront (*ars ornatrix*) ; nous entendons parler également des artifices que va lui fournir son esprit toujours si ingénieux et si fécond, dès l'instant qu'il s'agit de plaire et surtout de tromper (*ars fucatrix*). C'étaient là, disait Martial, deux sciences bien redoutables (*artes metuendissimæ*); mais la seconde l'était plus encore que la première. Enfin nous envisagerons notre héroïne, non plus dans sa vie privée, mais dans sa vie publique, je veux dire dans le salon où elle aura réuni l'élite de la société de Rome. N'est-ce pas sur un pareil théâtre qu'on peut le mieux juger des mœurs et du degré de civilisation d'une époque?

Notre travail, par conséquent, comprendra trois divisions. Dans l'une nous parlerons de la TOILETTE PROPREMENT DITE de notre Romaine; dans la seconde, des ARTIFICES qui en étaient le complément à peu près obligé; dans la troisième, enfin, de ce qu'était une SOIRÉE du grand monde sous le règne d'Auguste.

PREMIÈRE PARTIE.

TOILETTE PROPREMENT DITE.

Reportons-nous par la pensée aux temps où florissaient Ovide, Martial, Tibulle, Properce, Catulle et tant d'autres poëtes délicieux, et, par la pensée aussi, accompagnons l'un des médecins de Rome dans ses visites du matin. Il lui arrivera nécessairement d'entrer chez quelqu'une de ses clientes, à l'heure où elle commence sa toilette. Nous y entrerons avec lui, mais pour n'en ressortir que quand celle-ci sera terminée. Nous pourrons ainsi être témoins et prendre note, tout à notre aise, des diverses évolutions dont elle se composera.

I

PETIT LEVER.

Le peignoir; sa forme; la petite chienne; son éducation;
le perroquet; ses talents; perdrix qui parlent.

Nous voilà donc admis au petit lever de celle qui doit être notre héroïne. Mais avant d'entrer en matière, et aussi dans le but de faire un peu connaissance avec elle, essayons de nous orienter dans la pièce où nous nous supposons installés.

Près d'une table recouverte de tout un arsenal de flacons et de petits pots à l'usage de la toilette, se tient une jeune femme, vêtue d'un peignoir blanc (*intusium*) dont le tissu rappelle assez nos mousselines de laine. Le col en est richement brodé ou plutôt soutaché (*laminosus*), car on ne connaissait pas encore les broderies proprement dites ; les manches dépassent un peu la hauteur des coudes ; enfin, le bord inférieur est terminé par une double rangée de perles, dont quelques-unes d'une grande valeur, lesquelles traînent jusqu'à terre. D'où le proverbe : Marcher sur des perles (*margaritas calcare*).

Dans un coin de la pièce et sur un coussin moelleux est couchée en rond une petite chienne, de l'espèce de celles que Buffon a décrites sous le nom de « Bichons. » Par son éducation aussi bien que par ses manières, elle mériterait d'être opposée à nos petites havanaises. C'est au point que Martial s'en est moins fait l'historien que le panégyriste. Ainsi, après avoir raconté l'amabilité de son caractère, la douceur de ses mœurs, et jusqu'au soin qu'elle avait, en dormant, de ne point ronfler, de peur de réveiller sa maîtresse dont la tête reposait près de la sienne, il termine par ce trait qu'il nous faut un peu gazer en traduisant :

« Jamais les avant-coureurs de certaines exi-
« gences ne la surprirent au point que les draps en
« portâssent des marques ; mais elle avertissait dou-

« cement de sa patte caressante qu'on eût à la des-
« cendre du lit pour la mener vous savez où. »

> Et desiderio coacta ventris
> Gutta pallia non fefellit ulla,
> Sed blanda pede suscitat, toroque
> Deponi monet et rogat levari.

« Le moyen, ajoute le poëte, de ne pas raffoler
« d'une aussi délicieuse petite bête ! »

> Quid mirum exiguæ si flagrat amore catullæ !

Enfin, dans une cage formée d'un treillage d'argent qu'encadrent des baguettes d'ivoire, se trouve
un perroquet magnifique. L'entendez-vous qui salue
le lever de sa maîtresse de son joyeux refrain : *Bon
jour ! Bonne santé ! Courage ! (Salve ! Vale ! Euge !)*
lequel correspondait à notre classique : *As-tu dé-
jeuné, Jacquot?* « Tu es, s'écrie Stace, le roi des
« oiseaux (*dux volucrum*). Nul mieux que toi n'ex-
« celle à imiter la voix humaine : »

> Humanæ soles imitator, Psittace, linguæ.

Et, comme preuve, le poëte énumère, dans un
brillant parallèle, combien le perroquet l'emporte
sur les autres oiseaux savants, tels que la pie, le
sansonnet et la perdrix. Oui, la perdrix. C'est qu'à
l'époque où vivait Stace « elle répétait en les assem-
blant tous les mots qu'on lui disait : »

> Quæque refert jungens iterata vocabula perdix.

Voilà un petit talent de société que je ne lui soupçonnais pas, et que malheureusement elle a perdu depuis, ou du moins qu'on a négligé de cultiver.

Mais ne prolongeons pas davantage l'inventaire de la pièce. Nous connaissons maintenant celle qui va poser devant nous, sans le savoir; nous connaissons de plus ses compagnons de prédilection, dont l'un est même son camarade de lit. Quant aux suivantes, elles vont naturellement défiler sous nos yeux à mesure que les appelleront près de leur maîtresse les exigences de leur charge.

II

LOTIONS DU MATIN.

Lavages à l'eau pure; à quoi servaient le Poppæana et les fèves grasses; recettes pour la peau; helenium; lomentum; œsype d'Athènes; alcyonée; deux espèces de savon; de quoi il se composait; lait d'ânesse; essuie-mains; cheveux d'enfant en tenant lieu; cure-oreille.

« Il faut, dit Properce, se laver en se réveillant la figure à grande eau : »

At primum pura somnum tibi discute lympha.

Et ce n'était pas là une recommandation banale, nulle autre plus qu'une Romaine n'ayant besoin d'abondantes lotions, par suite de l'habitude qu'elle avait de s'enduire le soir toute la face d'une pâte de mie de pain et de lait. L'auteur de cette belle invention était la trop fameuse Poppée : d'où le nom de *Poppæana* par lequel on la désignait. Comprend-on, dit Juvenal, « rien de plus hideux, ni qui prête tant à rire qu'un visage ainsi gonflé de pain? »

> Interea fœda aspectu, ridenda que multo
> Pane tumet facies. . . .

D'autrefois on avait recours à « un cataplasme (*cataplasma*) de fèves grasses dont on se faisait jusqu'à trois et quatre applications : »

> Aut tegitur pingui terque quaterque faba.

Ce qui, remarque Ovide, « n'était pas beaucoup plus ragoûtant » (*nec amabilius*).

Comme ces divers topiques laissaient toujours après eux quelque chose d'un peu rance, nous allons voir notre héroïne faire succéder à l'eau pure l'une des recettes indiquées par le même poëte, lesquelles s'annonçaient devoir infailliblement conserver la fraîcheur et la souplesse de la peau. Ce sera l'*helenium*, dont le lait d'ànesse constituait la base, et qui n'était peut-être que l'aspasine [1] de nos Parisiennes; ce pourra être aussi le *lomentum*, que servaient à former le pur froment et la myrrhe de Judée; ce sera surtout l'*œsype d'Athènes*, espèce d'électuaire « qui devait son onctuosité au suc huileux de la toison des brebis : »

> Demptus ab immundo vellere succus ovis.

---

1. La vogue de l'aspasine est due à Mme Volnys, des Français, qui en adopta et prôna l'usage après avoir failli être empoisonnée par un fard à base de plomb.

Ce suc huileux, autrement appelé *suint*, était le cosmétique à la mode, « encore bien qu'il exhalât une odeur à donner la nausée : »

Non semel hinc stomacho nausea facta venit.

Ce qui n'empêchait pas notre héroïne de l'affectionner tellement « qu'elle s'en inondait la poitrine : »

Et fluere in tepidos œsypa lapsa sinus.

Si, par hasard, quelques boutons (*tubera*) ou quelques taches de rousseur (*maculæ*) déparent son visage, n'a-t-elle pas l'*alcyonée*, précieux mucilage qu'on retirait du nid de certains oiseaux ? Qu'elle s'en lotione légèrement, et son teint, Ovide l'affirme, « deviendra plus brillant encore que son miroir : »

Fulgebit speculo lævior illa suo.

Les dames romaines avaient donc, elles aussi, leur *lait antéphélique !*

Il va sans dire qu'après avoir touché à tant de pommades et d'onguents, elle se lavera les mains avec du savon. Il y en avait de deux espèces : du mou et du liquide. Le plus estimé venait des Gaules : c'était un composé de graisse de chevreau et de cendre de hêtre, qu'aromatisait le cinnamome ou mieux le nard de Perse.

Il semblerait, à en croire Pline, que c'est aux Gaulois, nos ancêtres, que doit revenir l'honneur de l'invention du savon. J'en suis désolé pour notre amour-propre national, mais on admet généralement qu'il en est déjà parlé dans la Bible. « Ainsi, dit au figuré Jérémie, quoique tu nettoies ton corps avec du savon (*multiplicaveris herbam borith*), ton iniquité est marquée devant Dieu. » Malachie dit également : « Il est comme le feu du raffineur et comme le savon du foulon. » (*et quasi herba fullonum*). Voilà les passages qu'on invoque comme tranchant toute question de priorité. Remarquons cependant qu'il est question ici, non pas de savon proprement dit, mais d'une herbe, qui pouvait en avoir les usages. En tout cas, les commentateurs ont été beaucoup plus explicites que le texte.

Quoi qu'il en soit, les mains une fois lavées, on y passait un peu de lait d'ânesse, pour les adoucir et les blanchir, puis on les essuyait avec « une serviette de lin (*gausape quadratum*). »

Quelquefois, par un raffinement de sensualité, on avait recours, en guise de serviette, à un moyen qu'indique Pétrone en parlant de Trimalcion : « Il essuya, dit-il, ses mains et ses doigts une fois lavés aux cheveux d'un enfant. » (*manum et digitos aspersos in capite pueri tersit* [1].)

Enfin les dames romaines prenaient un soin extrême de leurs oreilles. Elles se servaient, pour en nettoyer le conduit, d'une petite tige en ivoire, absolument semblable à la nôtre, et terminée, de même, à l'une de ses extrémités, par une petite

---

[1]. C'est par opposition à ces pratiques efféminées que nous voyons dans l'Écriture la Madeleine essuyer de sa blonde chevelure les pieds du Sauveur.

gouttière. « Si, dit Martial, des picotements douloureux vous agacent l'oreille, voici des armes qui mettront fin à votre supplice : »

> Si tibi morosa prurigine verminat auri ,
> Arma damus tantis apta libidinibus.

III

SOINS DE LA BOUCHE.

Raclage de la langue ; brosse à dents ; eau de Botot, dite de Cosmus ou de Nicéros ; pastilles désinfectantes ; mastic de Chio ; haleine viciée par la boisson ; étrange dentifrice espagnol.

Notre héroïne ne saurait non plus apporter trop de soin à l'hygiène de sa bouche. Ira-t-elle se racler tout d'abord la langue avec un ressort d'acier, dans le but de se la rendre et plus nette et plus lisse? La chose n'a rien d'invraisemblable. Du moins, j'ai vu au musée de Naples de petites lames de métal, souples et élastiques, qui m'ont bien paru avoir cette destination.

En tout cas, elle se frictionnera les dents avec une brosse, « de peur, dit Ovide, que le tartre ne les envahisse : »

> . . . . Ne fuscet inertia dentes.

Elle se gargarisera également avec une eau aromatique, légèrement parfumée, espèce d'eau de Botot désignée, comme celle-ci, du nom de son inventeur, et appelée « eau de Cosmus » ou « eau de

Nicéros. » Je ne puis l'en blâmer, car tout le monde sera de l'avis de Catulle sur « la nécessité de se maintenir intacte la pureté de l'haleine : »

Nec male odorati sit tristis anhelitus oris.

D'ailleurs, des essences très-hygiéniques, celles de safran et de roses de Pœstum, en formaient l'ingrédient principal.

Cosmus, qui était le parfumeur en vogue, avait de plus donné son nom à des pastilles désinfectantes qui se composaient de myrte, de lentisque, et de fenouil. (Y entrait-il aussi du cachou?) « Ces pastilles, les merveilleuses se plaisaient à les croquer : »

Pastillas Cosmi luxuriosa vorat.

Ce qui ne les empêchait pas de mâcher toute la journée la gomme-résine appelée mastic de Chio (*chium mastiche*), pratique qui est maintenant encore en grand usage en Orient.

On parvenait quelquefois de la sorte à corriger certaines aigreurs superficielles de la respiration. Mais c'était souvent peine perdue, ou même, « s'il s'agissait d'émanations venant de l'estomac (*ructus quum venit a barathro*), le remède ne faisait qu'aggraver le mal (*olet gravius*), tant ce mélange de deux odeurs se répandait au loin [1] : »

Atque duplex animæ longius exit odor.

---

1. Ce n'est pas seulement dans leurs coutumes, c'est jusque dans leurs locutions familières que nous avons, à notre insu, copié les Romains. Croirait-on que la phrase : « Tuer les mou-

Voilà d'assez tristes détails et de bien gros mots, surtout quand il s'agit d'une femme. C'est que, hélas! nous le verrons bientôt, les dames romaines n'étaient rien moins que réservées sur le chapitre de la boisson; d'où résultait pour elles ce que Pline appelle « le plus grand et le plus honteux des inconvénients (*maxime pudendum vitium*). »

Que devait-ce être, bon dieu! quand elles se rinçaient la bouche avec certain élixir qui se débitait dans des vases d'albâtre (*alabastra*), et qu'on n'estimait qu'autant qu'il venait d'Espagne? Je ne comprends pas, par exemple, la nécessité de recourir ainsi à un produit exotique, lequel se payait au prix de l'or, quand il était si facile de se le procurer chez soi. En effet, c'était tout simplement de.... Prononçons le mot en latin :

> . . . . . Et dens hibera defricatus URINA.

Du reste, si on en croit Catulle, les Espagnols étaient ici les premiers à prêcher d'exemple, car, « à peine venaient-ils de se renouveler à eux-mêmes leur provision du matin, qu'ils n'avaient rien de plus pressé que de l'utiliser : »

> Quod quisque minxit, hoc solet sibi mane
> Dentem atque russam defricare gingivam.

ches au vol, » par laquelle on désigne vulgairement la fétidité de l'haleine, leur appartient? C'est ainsi du moins qu'un vieux professeur de l'Université s'est permis de traduire ce passage d'une lettre de Cicéron où il se raille d'un débauché : « Son odeur, y est-il dit, est telle, que les petits animaux eux-mêmes ne peuvent l'endurer (*odor quem, ut aiunt, ne bestiolæ quidem ferre possunt*). »

Diodore de Sicile parle également de cette étrange coutume, laquelle, d'après ce qui m'a été raconté, ne serait pas encore complétement tombée en désuétude dans certaines parties un peu arriérées de la Catalogne.

Martial, bien entendu, en fait l'objet de nombreux lazzis : « Plus les dents sont blanches, dit-il, plus cela prouve qu'on a moins ménagé certain liquide : »

> Ut quo iste vester expolitior dens est
> Hoc te amplius bibisse prædicet loti.

Aussi, à défaut d'autre recette, « préfère-t-il l'eau pure (*puriter se lavit*). » Son opinion trouvera peu de contradicteurs.

IV

BAIN ET PÉDICURE.

Luxe des baignoires ; ornementation des cabinets ; parfums ; huile de jasmin ; farine de lupin ; sindon ; strigile et massage ; chemise ; robe de chambre ; un pédicure ; il coupe les ongles ; son forfex ; il taille les cors ; durillons enlevés aux convives.

Les détails qui précèdent ne sont que les préliminaires d'une toilette plus complète et plus sérieuse. Évidemment notre Romaine prendra un bain. Ce ne sera pas un de ces bains à grand orchestre que nous avons décrits ailleurs [1], et qui nécessitaient un attirail si compliqué de bassins et de milieux à des températures différentes. Non. Ce sera un simple bain

---

1. *Guide pratique aux eaux minérales françaises et étrangères.* Page 3. 5e édition. Paris.

domestique, comme tout bourgeois aisé en prenait chez soi, dans une pièce appropriée, mais qu'on nous représente toujours comme étant d'une suprême élégance.

Ainsi les baignoires seront d'argent (*solia argentea*), avec des robinets de même métal; il faudra de plus qu'elles soient assez spacieuses pour qu'on puisse y exécuter des mouvements de natation. Un cordon de mosaïques, dont les couleurs, mariées avec art, imiteront la peinture, contournera le plafond. Les murs seront inscrustés de marqueteries, taillées par le ciseau, où la pierre de Thasos, ornement jadis rare, même dans les temples, sera prodiguée avec un luxe qui ferait rougir Fabricius. Enfin les parfums les plus exquis seront ajoutés à l'eau des baignoires, les petites gens seules se contentant d'huile de jasmin (*oleum jasminum*), ou de farine de lupin (*farina lupini*), laquelle correspondait à notre classique sachet de son.

L'usage était de rester au bain environ une demi-heure. Au sortir de l'eau, on vous jetait sur les épaules une sorte de peignoir appelé *sindon*, puis, après vous avoir essuyé et massé, on vous frictionnait un peu rudement avec une brosse métallique nommée *strigile* (nous en avons fait étrille). « C'est de Pergame, dit Martial, que viennent les meilleures; quiconque sait se servir de leur lame recourbée a moins souvent besoin de faire blanchir son linge : »

> Pergamus has mittit, curvo destringere ferro,
> Non tam sæpe teret lintea fullo tibi.

Voici le bain terminé. Notre héroïne revêt la tunique de dessous (*tunica intima*) qui n'était en réalité que notre chemise moderne, puis elle passe par-dessus une robe de chambre (*toga matutina*) qu'elle agrafe par devant.

C'est le moment de faire entrer le pédicure. Celui-ci, dit Tibulle, « lui coupera les ongles d'une main savante : »

> . . . . Quid ungues
> Artificis docta subsecuisse manu?

Et il se servira pour cela d'un petit instrument appelé *forfex*, qu'on a eu tort de comparer à nos ciseaux ; il avait plutôt la forme d'un canif, ainsi que l'indique ce passage d'Horace : « Il se coupait lui-même les ongles très-adroitement avec le petit couteau : »

> Cutello proprios purgabat leniter ungues.

Aura-t-il également quelque cor à lui tailler ? Je le crains bien, par suite des précautions que l'on prenait d'habitude pour se faire paraître le pied petit (*pes exiguus*). Il est vrai que la bride (*ansa*) de la chaussure portait plutôt sur le cou-de-pied que sur les orteils ; mais cela ne suffisait pas pour garantir des cors. Je n'en veux d'autre preuve que ce passage de Pétrone : « Au milieu du repas donné par Trimalcion, de jeunes pédicures entrèrent dans la salle, se glissèrent sous les tables et enlevèrent les durillons (*paronychia*) des convives avec une dextérité admirable (*ingenti subtilitate*). »

Voilà une de ces attentions fines dont je comprends toute la délicatesse ; et cependant il me semble que je n'aurais su aucun mauvais gré à l'amphitryon qui aurait cru devoir m'en affranchir.

V

LÉGÈRE RÉFECTION.

Pages ; leur jaquette ; Caligula en revêt les sénateurs; bouilloire avec réchaud ; figues ; vin de Sétie ; sa force ; sa cherté ; comment Martial se console de ne pouvoir en boire.

Une porte vient de s'ouvrir : ce sont les pages (*pueri alticincti*) qui apportent à leur maîtresse la légère réfection qui va lui permettre d'attendre le déjeuner. Ils ont pour tout vêtement une petite jaquette de toile fine de Péluse qui leur descend jusqu'aux genoux, en leur dessinant la taille. Une des plus grandes humiliations, raconte Suétone, que Caligula, dans un de ses moments de débauche et de démence, fit subir aux sénateurs, fut de les forcer de le servir à table en pareil costume. Ces jaquettes, bien que destinées à des esclaves, étaient quelquefois ornées de franges et de pierreries d'un grand prix. « A quoi bon, s'écrie Sénèque, habiller un simple page avec tant de luxe ? » (*quare veste preciosa cingitur ?*)

L'un des pages porte une bouilloire (*authepsa*) d'argent, pleine d'eau, dont la forme rappelle tout à fait celle de nos théières ; au-dessous est disposé un réchaud rempli de charbons ardents.

Un autre page tient d'une main une corbeille

sans anse où sont symétriquement rangées sur des feuilles de vigne « des figues humides encore de la rosée du matin : »

Maturi fici roseo qui semine rident.

Il tient de son autre main un plateau de bois de citronnier (*orbis citreus*), où figure un magnifique vase d'onyx rempli de vin de Sétie; à côté de ce vase est une coupe d'argent.

Enfin, d'autres pages portent divers accessoires, entre autres des tissus moelleux pour s'essuyer les doigts et les lèvres.

Notre héroïne mange quelques figues, puis, après avoir rempli la coupe de vin et d'eau, mais surtout de vin, elle la vide d'un trait, opération qu'elle répète plusieurs fois.

Tel était, d'habitude, le premier repas d'une dame romaine. On attribuait généralement à l'usage des figues des vertus diététiques toutes particulières, sur lesquelles Héraclite de Tarente avait même trouvé moyen d'écrire un gros volume. Quant au vin de Sétie, il était plus difficile d'en justifier le choix, car Martial nous apprend que « sa force était telle qu'il aurait pu incendier la neige : »

Incensura nives dominæ Setina liquantur.

Il lui reproche surtout son prix excessif, défaut auquel il se montre d'autant plus sensible que l'état de ses finances l'obligeait souvent de s'en passer. Il essayait alors de prendre le change, en se répétant, sans peut-être parvenir à se convaincre, que

« la figue de Chio, semblable au divin jus des treilles
de Sétie, renferme tout à la fois en elle et son vin et
son arôme : »

> Chia seni similis Baccho quem Setia misit,
> Ipsa merum secum portat et ipsa salem.

Mais voici les pages qui se retirent, emportant
les débris du goûter. En même temps les suivantes
reviennent pour reprendre près de leur maîtresse
sa toilette un instant interrompue. Reprenons également notre carnet de notes.

VI

ÉPILATION.

Son origine ; régions où elle se pratiquait : son but ; plaisanterie
    hasardée de Catulle ; Sénèque s'en montre partisan ; Cicéron
    l'admet pour les sourcils ; procédés employés ; pierre-ponce ;
    pierre de Catane ; rasoir ; psilothrum et dropax ; petites pinces ;
    grave recommandation d'Ovide.

L'usage, après le bain, était de se faire épiler.
Cette petite opération que les Grecs avaient impor-
tée à Rome, après l'avoir eux-mêmes empruntée à
l'Orient, se pratiquait, chez les femmes, sur presque toutes les parties du corps, mais notamment sur
celles que les vêtements dérobaient le moins aux regards. « C'étaient, dit Martial, la poitrine, les
jambes et les bras : »

> Quod pectus, quod crura tibi, quod brachia vellis.

C'étaient également les aisselles, la manière dont s'agrafait la robe les cachant incomplétement. « On doit, dit Ovide, laisser à découvert l'extrémité de l'épaule gauche et la partie supérieure du bras du même côté : »

> Pars humeri tamen illa tui, pars summa lacerti
> Nuda sit, a læva conspicienda manu.

Bien qu'on eût surtout pour but de faire disparaître par l'épilation ce qui pouvait choquer les yeux, on se proposait encore de diminuer ainsi certaines sécrétions désagréables. De là cette plaisanterie quelque peu hasardée de Catulle à Silva : « Le bruit court que chez toi un bouc affreux habite cette région : »

> . . . . Fertur
> Valle sub alarum trux habitare caper.

Ovide me paraît s'être souvenu de ce mot quand il dit à une jeune fille pour l'effrayer : « *Trux caper ibit in alas* ; » et Horace, à une vieille femme pour se moquer d'elle : « *Cubat hircus in alis.* »

Qui le croirait? Les hommes eux-mêmes n'auraient pas osé se soustraire à ces pratiques efféminées [1]. Passe encore pour ces petits-maîtres qui étaient, sous Auguste, ce que furent, sous Henri III, les mignons de la cour. Mais comprend-on qu'un phi-

---

1. L'épilation, chez les hommes, était pratiquée par des industriels appelés *alipili*. Ils faisaient partie de la corporation des barbiers, et s'en montraient les dignes pendants par leur sempiternel bavardage. Un jour l'un d'eux demande à un « client » comment il veut être épilé. — En silence (*tacens*), lui fut-il répondu.

losophe tel que Sénèque, ou du moins tel qu'il aimait à se poser, se soit plaint qu'un de ses amis se négligeât, par cela seul qu'il ne s'épilait plus les aisselles ! « *Hic nec alas quidem vellit.* »

Il n'est pas jusqu'à Cicéron qui ne parle de l'épilation des sourcils comme d'une chose tout à fait bienséante (*res conveniens*).

Voilà donc notre héroïne aux mains de son épileuse (*utricula*). Comment celle-ci va-t-elle procéder? Pour les membres et, en général, pour toutes les surfaces un peu larges, elle se contentera de frictions avec la pierre-ponce, ou avec une pierre assez analogue qui venait de Catane (*catanensis pumix*). Si les jambes sont par trop velues (*duris aspera crura pilis*), elle aura recours au rasoir (*novacula*). Mais le front et la figure exigeront plus de précautions. Martial recommande, dans ce cas, le psilothrum et le dropax comme étant les épilatoires par excellence :

Psilothro faciem lævas et dropace frontem.

En quoi consistaient-ils? Le psilothrum n'était autre que la bryone, communément dite « navet du diable. » Quant au dropax, c'était de même une plante, mais nous n'en savons pas le nom.

Le même poëte nous apprend qu'on se servait pour les narines de petites pinces. D'après la description qu'il en donne et les échantillons trouvés à Pompéia, elles étaient absolument semblables aux nôtres ; on les appelait *volsellæ*.

Purgentque crebræ cana labra volsellæ.

« Surtout, que l'épileuse n'ait garde de laisser un
seul poil dans l'intérieur du nez : »

Inque cava nullus stet tibi nare pilus.

Ovide, à qui nous devons ce précepte, revient à
tout instant sur son importance, et, franchement,
leur saillie hors des narines donne parfois à la physionomie quelque chose de tellement disgracieux que
je ne saurais blâmer.ceux qui, aujourd'hui encore,
s'y conforment.

VII

DENTS ET DENTISTES.

Dents plombées ; fausses dents ; Cascellius fait des annonces ;
dents aurifiées ; carie dentaire antérieure au déluge ; dents
osanores ; crochets pour fixer les dents ; râteliers ; éviter les
appareils trop parfaits ; épigrammes de Martial.

Jusqu'ici notre Romaine n'a eu recours pour sa
toilette qu'à de simples pratiques destinées à faire
valoir ses agréments naturels. Hélas! Il nous faut
maintenant surprendre certains secrets qui, je le
crains bien, détruiront quelque peu nos illusions à
son sujet. Ainsi, elle a des dents plombées, et
même, ce qui est plus grave, elle en a de fausses !

. . . . Dentibus utitur emptis !

Martial, cet enfant terrible des poëtes de son
temps, ne va pas seulement nous apprendre les ressources qu'offrait la science du dentiste ; il va de
plus nous en dévoiler les secrets.

C'est d'abord un certain Cascellius qui se faisait fort d'arracher ou de conserver les dents malades, au choix des intéressés :

Eximit aut reficit dentem Cascellius ægrum.

Ne croirait-on pas lire une annonce de la quatrième page de nos journaux? C'est que l'avulsion d'une dent a toujours eu le privilége d'effrayer même les plus braves.

Ce Cascellius était passé maître également dans l'art de les plomber, je me trompe, de les aurifier, car on connaissait déjà ce perfectionnement soi-disant américain : *auro incluso reficit.* Ne soyez pas surpris qu'on ait ainsi cherché de tout temps un remède à la carie dentaire. Ce grand fléau affligeait notre espèce, même avant le déluge [1].

D'autres avaient pour spécialité la pose des fausses dents. Ils employaient divers mastics qu'ils savaient composer avec beaucoup d'art, et dont chacun se vantait d'avoir la meilleure recette. Quelquefois ils se servaient tout simplement d'os ou d'ivoire (*dents osanores*) :

Emptis ossibus indicoque cornu.

Quant au mode opératoire, on se contentait d'ha-

----

1. Ainsi l'homme fossile dont M. Boucher de Perthes vient de découvrir la mâchoire inférieure à Abbeville, dans un banc de diluvium, est porteur encore d'une dent creusée par la carie; c'est la quatrième molaire droite. Sans doute rien n'indique que cette dent ait été plombée ou aurifiée; mais qui sait les surprises de ce genre que des fouilles ultérieures pourront nous ménager?

bitude de fixer les dents à l'aide de crochets d'or ; méthode qui remonte aux époques les plus reculées, puisque l'article X de la loi des Douze Tables (450 ans avant Jésus-Christ), par lequel il était défendu sous des peines sévères d'ensevelir les morts avec de l'or, avait fait une exception en faveur de ceux dont ce métal servait à lier les dents : *auro dentes vincti*.

Quelquefois on fabriquait des râteliers qui pouvaient être ôtés ou remis à volonté. C'est à un appareil de ce genre que Martial fait allusion, quand il reproche à la pauvre Galla de « quitter le soir ses dents avec autant de facilité que sa robe : »

Nec dentes aliter quam serica nocte reponit.

Et, comme si l'épigramme n'était pas assez sanglante, il prête à certaine poudre dentifrice le langage que voici : « Femme, qu'y a-t-il de commun entre nous deux? Je ne conviens qu'aux jeunes filles et n'ai point l'habitude de polir les dents qu'on achète : »

Quid mecum est tibi ? me puella sumat ;
Emptos non soleo polire dentes.

Du reste, peu nous importe le genre de pièce artificielle qui était adapté aux gencives de notre héroïne. Disons seulement que c'était chose prudente d'éviter à cet égard une trop grande perfection, sans quoi l'impitoyable satirique ne se faisait pas faute de vous décocher un compliment tel que celui-ci : « Thaïs a des dents noires, Luconie des dents d'un blanc de neige. Pourquoi cette différence? L'une en a de fausses, l'autre en a de vraies : »

Thaïs habet nigros, niveos Luconia dentes.
Quæ ratio est ? Emptos hæc habet, illa suos.

VIII

PHILOCOMES.

Huile antique; Junon en fait abus ; moelle de cerf; graisse d'ours prônée par Cléopatre ; préjugés contre la perte des cheveux ; César et Domitien désolés d'être chauves ; comment la vie ne tient qu'à un cheveu ; les musulmans et leur mèche ; pommades pour faire repousser les cheveux ; cantharides; Ovide et Properce victimes de leur emploi.

Ce que nous venons de dire du degré de perfection qu'avait atteint la prothèse dentaire peut s'appliquer également au talent et à l'esprit inventif des coiffeurs. Sous ce rapport, les dames romaines pouvaient amplement satisfaire leurs moindres fantaisies, et elles se gardaient d'y manquer.

Les préparations « philocomes, » comme on dirait aujourd'hui, étaient nombreuses et variées. Certain mélange d'essences et d'huile (*oleum flagrans*), que nos parfumeurs affirment n'être autre que leur « huile antique, » paraît avoir fait la base des premières pommades. Mais n'a-t-on pas voulu inférer de je ne sais quel passage d'Hésiode, que Junon n'en employait pas d'autre? Je la soupçonnerais alors d'en avoir quelque peu abusé, le jour « où sa splendide chevelure embaumait tout l'Olympe : »

> Ambrosiæque comæ divinum vertice odorem
> Spiravere. . . .

La moelle de cerf fut également en grande vogue, car Ovide recommande aux femmes « d'attendre qu'elles soient seules pour s'en servir : »

> Neu coram mixtas cervæ sumpsisse medullas.

Enfin Cléopatre avait imaginé une recette dans laquelle il entrait surtout de la graisse d'ours (*ursinus adeps*), recette dont Galien parle avec un grand éloge. Quel malheur qu'elle ait été perdue! Pline nous en a bien laissé un grand nombre d'autres; mais, leur efficacité fût-elle prouvée, ce dont je doute très-fort, il faudrait réellement plus que du courage pour y avoir recours [1].

On se préoccupait d'autant plus à Rome du mode d'entretien et de conservation de la chevelure, que sa perte était en quelque sorte taxée d'ignominie. « Honteux, dit Ovide, est le troupeau mutilé; honteux le champ sans verdure, la futaie sans feuillage, *la tête sans cheveu : »*

> Turpe pecus mutilum, turpis sine gramine campus,
>   Et sine fronte futex, et *sine crine caput.*

C'est qu'à Rome la tonsure était une marque de

---

1. Je citerai la suivante comme échantillon : « Prenez des têtes de rat, du fiel et de la fiente du même animal, de l'ellébore et du poivre, puis mêlez le tout. » (*Capita murium et fel murium et fimum cum elleboro et pipere illini jube.*)

servitude, comme, dans nos sociétés chrétiennes, elle est devenue un signe d'humilité. Aussi César, chaque fois qu'il devait paraître en public, cherchait-il à dissimuler la nudité de son crâne sous une couronne de feuillage, et Domitien, qui sous ce rapport n'était guère plus favorisé, punissait-il comme sienne toute injure adressée à un chauve.

Rappelons à ce propos le lien si bizarrement symbolique qu'on supposait unir l'âme à la matière par l'entremise de la chevelure [1]. Lorsque, dans l'*Énéide*, le poëte déplore la mort prématurée de Didon, il fait remarquer que « Proserpine ne lui ayant pas encore enlevé l'un de ses blonds cheveux, ne l'avait pas vouée aux dieux infernaux : »

> Nondum illi flavum Proserpina vertice crinem
> Abstulerat, stygioque caput damnaverat Orco.

Aussi, plus tard, nous montre-t-il Iris coupant le cheveu fatal, « afin, dit-elle, d'aller porter à Pluton ce tribut sacré et de la délivrer des liens du corps : »

> . . . . Hunc ego Diti
> Sacrum jussa fero, teque isto corpore solvo.

N'entendons-nous pas, tous les jours encore, répéter des phrases telles que celle-ci : « La vie ne tient qu'à un cheveu ? »

Cette même image de la solidarité de la vie et de

---

1. L'absence de cheveux jouait également un certain rôle dans la mythologie païenne, mais sous forme d'allégorie. Ainsi l'Occasion, cette déesse qui ne s'arrêtait jamais, était représentée chauve par derrière, pour faire comprendre qu'une fois passée, on ne pouvait plus la saisir ni la retenir.

la chevelure se retrouve dans la tragédie d'*Alceste*, alors qu'Euripide fait dire à l'un des principaux personnages : « Cette femme doit descendre chez Pluton, et je marche vers elle pour compléter le sacrifice. Celui-là est voué aux dieux infernaux dont le glaive a tranché le cheveu. »

(Je fais grâce ici de la citation de deux vers, car ce sont des vers grecs, et je présume que, parmi mes lectrices, il en est peu qui aient pour le grec l'enthousiasme de Philaminte.)

Enfin n'y aurait-il pas quelque réminiscence de ces superstitions dans l'usage où sont, aujourd'hui encore, les musulmans de conserver précieusement sur le sommet de leur tête rasée, une mèche que Mahomet doit saisir pour les mener sans encombre au paradis que rêve leur sensualité?

Mais il me semble que nous voilà bien loin de notre héroïne. Hâtons-nous donc de rentrer à Rome, et, cette fois, pour ne plus en ressortir.

Ce que nous venons de dire de l'importance attachée au maintien de la chevelure, explique la vogue des préparations destinées à la faire repousser. Pline, que nous sommes toujours sûrs de rencontrer quand il s'agit de quelques remèdes de bonne femme, en indique une multitude dans le goût de ceux qu'il nous a déjà fait connaître. Les seuls, dans le nombre, qui pussent avoir quelque valeur, étaient à base de cantharides : aussi parle-t-il à tout instant de leur causticité (*vis caustica*) du danger (*periculum*) de leur action, et des brûlures profondes qu'ils déterminaient à la peau (*alte cutem exulcerant*).

Le résultat le plus net de leur emploi pour Ovide, avait été, ainsi qu'il le reproche à Canidie, « de lui faire blanchir le restant de la chevelure : »

Tuis capillus albus est odoribus.

Même mésaventure était arrivée à Properce, « qui n'y trouvait d'autre remède que de s'arracher les cheveux gris : »

Tollere tum cura est albos a stirpe capillos.

Notre héroïne n'en est heureusement pas là. D'ailleurs il lui resterait toujours une ressource moins extrême, celle de les teindre.

IX

CHEVEUX TEINTS.

Teintures noires d'origine britannique; substances employées; noix vertes; boules de Mattiac; une recette de Pline; cygne devenu corbeau; blond germanique; teintures rouges; couleurs affectées aux courtisanes; les teintures salissaient la tête; elles brûlaient et faisaient tomber les cheveux; mercuriale d'Ovide; anathème de Properce.

Les Romains empruntèrent la coutume de se teindre les cheveux en noir aux habitants de la Grande-Bretagne, que César désigne souvent par l'épithète de *picti* (peints) et qui, alors comme aujourd'hui, comptaient parmi eux beaucoup de roux. « Insensée ! s'écrie Properce s'adressant à Cynthie,

tu t'amuses à imiter les Bretons sordides en donnant
à ta chevelure un éclat d'emprunt : »

Nunc etiam infectos demens imitare Britannos
Ludis et externo tincta nitore caput.

C'est une science, du reste, dans laquelle les « artistes de Rome » semblent avoir excellé. Ils employaient à cet usage un grand nombre de substances.
« L'écorce verte de la noix servait, dit Tibulle, à
dissimuler bien des années : »

. . . . . . Coma tum mutatur ut annos
Dissimulet, viridi cortice tincta nucis.

Martial paraît accorder plus de confiance aux
« boules de Mattiac » (*Mattiacæ pilæ*). Du moins il
les conseille à une vieille femme « qui veut rajeunir
ses cheveux blanchis par les ans : »

Quæ mutare parat longævos cana capillos.

Comment se préparaient ces boules? C'est ce que
Martial ne nous dit pas et il n'en savait probablement rien lui-même, ceux qui les débitaient ayant
intérêt à ne point en divulguer les formules. J'espère que ces formules n'avaient rien de commun
avec celle-ci, que nous devons encore à Pline :

« Prenez un setier de sangsues et deux setiers de
vinaigre pur; battez le tout, puis placez-le dans un
vase de plomb où vous le laisserez fermenter pendant
soixante jours. Au bout de ce temps, frottez-vous en
les cheveux au soleil; ils deviendront d'un noir
magnifique. » Pline ajoute : « Surtout n'allez pas
« oublier de tenir pendant l'opération de l'huile dans

« votre bouche, sans quoi vos dents prendraient de
« même une teinte tout à fait noire. » (*Nisi oleum
ore contineant qui tingunt, dentes quoque eorum de-
nigrantur.*)

Quelle recette ! Sa partie réellement colorante ne
pouvait être que le plomb qui s'était détaché du
vase par l'acidité du vinaigre. Quant à l'huile maintenue dans la bouche, il faut n'y voir peut-être
qu'une jonglerie des vendeurs pour mieux donner le
change sur les moyens qu'ils employaient. Cependant, comme la plupart de ces préparations contenaient du mercure, il est possible qu'on espérât prévenir ainsi l'action de ce métal sur les dents.

Toujours est-il que les miracles opérés de la sorte
étaient quelquefois instantanés. « Telle femme,
s'écrie Martial, devient subitement corbeau, qui tout
à l'heure était cygne : »

> Tum subito corvus quæ modo cycnus erat.

Voilà pour la couleur noire. Mais, après la con-
quête de l'Allemagne, la couleur blonde, qui est le
cachet des races slaves, devint promptement la couleur favorite. « La femme, dit Ovide, teint ses cheveux blancs avec le suc des herbes de la Germanie ;
l'art leur donne ainsi une couleur plus récherchée
que la couleur naturelle : »

> Femina canitiem germanis inficit herbis,
> Et melior vero quæritur arte color.

Il paraît même que cet enthousiasme pour le
blond s'étendit jusqu'au roux : « On emprunte, dit

Martial, le savon caustique des Teutons pour se rendre la chevelure rutilante : »

Caustica teutonicos accendit spuma capillos.

Enfin il y avait des femmes qui se plaisaient à
donner à leur chevelure diverses nuances de fantaisie, sauf toutefois le jaune et le bleu, ces couleurs ayant la même signification que la *ceinture do-
rée* au moyen âge. Properce y fait allusion quand il
dit à Cynthie pour l'en détourner : « De ce que certaine femme se teint les cheveux en bleu, s'ensuit-il
que ce soit une couleur honnête ? »

An si cæruleo quædam sua tempora fuco
Tinxerit, idcirco cærula forma bona est ?

Ces teintures avaient malheureusement, comme
les nôtres, l'inconvénient de salir la tête. Aussi le
même poëte dit-il tout crûment à un vieillard, du
nom de Phœbus, qui veut faire le jeune avec ses
cheveux teints, « que ce n'est pas un perruquier
qu'il lui faut, mais une éponge : »

Tonsorem capiti non est adhibere necessum ;
Radere te melius spongia, Phœbe, potest.

Un autre inconvénient bien autrement grave de
ces teintures, c'est qu'elles brûlaient les cheveux et
les faisaient tomber. Voyez plutôt dans quels termes
Ovide gourmande une jeune fille qui, malgré ses
avis, a voulu changer la couleur naturelle (*verus color*) de sa magnifique chevelure : « Je te le disais

bien, cesse de droguer ainsi tes cheveux; tu as si bien fait qu'il ne t'en reste plus à teindre : »

Dicebam : Desiste tuos medicare capillos;
Tingere quam possis jam tibi nulla coma est.

« Cependant ils n'offraient ni la nuance de l'ébène ni celle de l'or : leur couleur était un heureux mélange de toutes les deux : »

Nec tamen ater erat, neque erat tamen aureus illis;
Sed, quamvis neuter, mixtus uterque color.

« Vainement je m'écriais : « C'est un crime, oui, « c'est un crime de brûler des cheveux si beaux : »

Clamabam : Scelus est, istos scelus urere crines.

« Ne t'en prends donc qu'à toi (*non alter nocuit*); c'est toi-même qui appliquais sur ta tête ces mixtures empoisonnées : »

Ipsa dabas capiti mixta venena tuo.

Tout cela, sans doute, est profondément triste. Et encore la malheureuse aurait-elle pu payer plus cher sa coquetterie, car on a vu survenir de la sorte de graves accidents et même la mort. C'est à une catastrophe de ce genre que Properce fait allusion quand il lance cet anathème : « Qu'elle souffre mille morts dans les enfers la jeune fille stupide qui, la première, fit mentir ainsi sa chevelure : »

Illi sub terris fiant mala multa puellæ,
Quæ mentita suas vertit inepta comas.

Ovide parlait donc un langage très-sensé. Où je le

blâme, c'est d'avoir joint des plaisanteries à sa mercuriale. Combien il se montre peu généreux quand il vient dire : « Elle a le courage de contempler sur ses genoux les cheveux qu'elle a perdus ; trésor digne, hélas ! d'une meilleure place : »

> Sustinet antiquos gremio spectare capillos ;
> Hei mihi ! non illo munera digna loco.

Heureusement sa nature compatissante reprenait bientôt le dessus, et il passait facilement des reproches ou des sarcasmes aux consolations. Aussi se hâte-t-il d'ajouter : « La perte est réparable (*reparabile damnum est*) ; tu verras repousser de nouveaux cheveux (*nativa conspiciere coma*) ; d'ailleurs les esclaves de la Germanie t'enverront les leurs ; une nation soumise se chargera de ta parure : »

> Nam tibi captivos mittet Germania crines ;
> Culta triumphatæ munere gentis eris.

X

FAUX CHEVEUX; PERRUQUES.

Un bazar à cheveux ; les cheveux qu'on achète sont bien à soi ; Domitien, Othon et Galba en perruque à marteaux ; comment Mausole vulgarisa les perruques ; leur simplicité primitive ; leur perfectionnement par les femmes ; Messaline en perruque jaune ; pourquoi jaune ; perruque enlevée par le vent ; perruque mise à l'envers ; précautions à prendre quand on a peu de cheveux ; une statue de Vénus se peignant.

Ce dernier moyen était certainement le plus sûr ; c'était même chose tellement reçue que les femmes ne craignaient pas d'aller faire publiquement leurs emplettes aux bazars du portique Minucius qui, par leur somptuosité, rappelaient assez bien les galeries de notre Palais-Royal. « Vous les voyez, dit Properce, porter fièrement l'opulente chevelure qu'elles viennent d'acheter; avec de l'argent on se repeuple ainsi le crâne : »

> Femina procedit densissima crinibus emptis;
> Proque suis alios efficit ære suos.

Martial, il est vrai, leur lançait à ce propos force épigrammes : « Lélia, s'écrie-t-il, comment n'as-tu pas honte de te servir de fausses dents et de faux cheveux ? »

> Dentibus atque comis, non te pudet, uteris emptis?

« Quant à Fabulla, elle jure que les chéveux qu'elle a achetés sont bien à elle. Fait-elle donc un mensonge, ô Paulus ? Nullement : »

> Jurat capillos esse, quod emit, suos
> Fabulla ; numquid, Paule, pejerat ? Nego.

Le poëte pouvait avoir raison. Mais qu'importe? La mode sera toujours plus forte que toutes les plaisanteries.

Voilà pour les faux cheveux, pour ceux qu'on pourrait appeler cheveux de renfort.

Portait-on perruque dans l'ancienne Rome? Je n'hésite pas à répondre affirmativement. Ainsi Domitien est représenté sur ses médailles avec une perruque rappelant assez, par ses enjolivements et

son ampleur, notre ancienne « perruque à marteaux. » Il en est de même d'Othon et de Galba.

N'allez pas en conclure que ce soient les Romains
qui aient inventé les perruques. Le fait suivant,
en l'admettant comme authentique, prouve qu'il
faudrait remonter beaucoup plus haut pour en retrouver l'origine.

Le fameux Mausole, si connu pour le magnifique tombeau (on en a fait mausolée) qu'Arté-
mise lui éleva près d'Halicarnasse, se sentant à bout
d'expédients pour remplir ses coffres, fit confec-
tionner secrètement un grand nombre de perruques, puis enjoignit à tous ses sujets de se faire
tondre. Force leur fut de s'exécuter. Dès que leurs
crânes furent dégarnis, le roi fit extraire de ses
magasins les susdites perruques et les mit gracieusement à leur disposition. Chacun dut en acheter, sans même oser en marchander le prix. On
eut bien d'abord quelque peine à s'y faire, mais,
la première émotion passée, beaucoup y prirent
goût, surtout parmi les chauves, et ce qui avait été
d'abord une nécessité ne tarda pas à devenir une
mode.

Par exemple, je ne me charge pas de vous dire comment étaient faites ces perruques. Il est probable
qu'elles furent quelque peu rudimentaires, comme les
premières dont on fit usage à Rome. Celles-ci consistaient en une simple peau de bouc (*hœdina pellis*)
dont les hommes se couvraient le chef, ce qui faisait
dire à un plaisant « qu'il avait la tête bien chaussée
(*caput bene calceatum*), » et à Martial « qu'il n'y avait

rien de pire qu'un chauve qui voulait paraître chevelu » :

    . . . . . . Calvo turpius est nil comato.

Combien il y a loin de ces ajustements burlesques
à nos toupets invisibles, et surtout aux majestueux
édifices du temps de Louis XIV !

Les femmes, cela devait être, se montrèrent beaucoup plus difficiles ; on peut même dire qu'elles
avaient devancé l'époque du grand roi. Ainsi Juvénal parle « d'édifices, de véritables tours dont
elles se surchargeaient la tête : »

> Tot premit ordinibus, tot adhuc compagibus orbes
> Ædificat caput.

L'art, ajoute-t-il, faisait sans cesse « mentir la
nature » (*naturam mentiri*) : malheureusement plus
d'une fois aussi il fit gémir la morale. Messaline,
dans ses équipées nocturnes au quartier de Suburre,
où l'accompagne le vers sanglant du même poëte,
dissimule ses noirs cheveux sous une perruque
jaune : »

    . . . . Nigrum flavo crinem ascendente galero.

Pourquoi jaune? C'est que, nous l'avons fait entendre il n'y a qu'un instant, cette couleur étant,
avec la bleue, celle des courtisanes, complétait à merveille son déguisement.

Les perruques donnèrent assez souvent lieu à de
burlesques mésaventures. Une des plus plaisantes
est celle que Slavius Avianus raconte d'un grand personnage de Rome : « Le souffle malencontreux de

Borée livre, dit-il, aux regards du public sa tête ridicule, car, enlevant tout à coup sa perruque, il fait reluire son front nu : »

> Hujus ab adverso Boreæ spiramina perflant
> Ridiculum, populo conspiciente, caput;
> Nam mox dejecto nituit frons nuda galero.

Telle dut être également la confusion de cette coquette dont Ovide avait pris jusqu'alors le chevelure au sérieux, lorsqu'un jour il entra chez elle à l'improviste :

> *Dans son trouble elle mit sa perruque à l'envers :*
> Turbida perversas induit illa comas.

« Ce sont là, dit-il, de ces affronts qu'on ne peut souhaiter qu'à ses plus cruels ennemis : »

> Hostibus eveniat tam fœdi causa pudoris.

Pourquoi aussi, l'imprudente, ne s'était-elle pas souvenue de cet aphorisme du même poëte ? « Toute femme qui a peu de cheveux doit fermer sa porte au verrou : »

> Quæ male crinita est custodem in limine ponat.

« Celles-là seules, ajoute-t-il, qui en ont beaucoup, peuvent se permettre de recevoir quand on les peigne, afin qu'on en voie les boucles ruisseler flottantes sur leurs épaules : »

> At non pectandos coram præbere capillos,
> Ut jaceant fusi per tua terga, vetam.

Rappelons, à ce sujet, que les dames romaines

étant affligées d'une maladie épidémique qui faisait tomber leurs cheveux, implorèrent la protection de Vénus, et que, le fléau ayant cessé, elles élevèrent une statue à la déesse où elle était représentée dans l'attitude d'une femme qui se peigne.

XI

COIFFURES.

Ovide renonce à les énumérer; préceptes pour les adapter au visage; bustes à coiffures mobiles; peignes en buis; en ivoire; en écaille; épingles à cheveux en bois ou en or; Fulvie perce avec une épingle d'or la langue de Cicéron; épingles empoisonnées; comment est morte Cléopatre.

Notre héroïne fût-elle assez privilégiée pour n'avoir besoin ni de ces teintures ni de ces cheveux de renfort, resterait encore le chapitre de la coiffure, ce qui n'était pas une petite affaire, « toute femme, dit Tibulle, devant constamment se régler sur la dernière mode : »

Conscia mutatas disposuisse comas.

La dernière mode ! Tibulle en parle bien à son aise. Mais y en a-t-il jamais une dernière, puisque « chaque jour en voit éclore de nouvelles? »

Adjicit ornatus proxima quæque dies.

Vouloir seulement les énumérer serait, au dire d'Ovide, chose aussi impossible que de « compter les glands d'un vaste chêne, les abeilles de l'Hybla ou les bêtes féroces qui peuplent les Alpes : »

> Sed neque ramosa numerabis in ilice glandes,
>   Nec quot apes Hyble, nec quot in Alpe feræ.

Cependant il va nous en indiquer les principales, en ayant soin d'y joindre des préceptes et des remarques prouvant qu'il eût su, au besoin, rédiger un bulletin de mode tout aussi bien que la comtesse d'Orr ou la baronne de Spare :

« Un visage allongé demande, dit-il, des cheveux séparés sur le front : »

> Longa probat facies capitis discrimina puri.

« Un nœud léger sur la partie supérieure de la tête, en laissant les oreilles à découvert, sied mieux aux figures arrondies : »

> Exiguum summa nodum sibi fronte relinqui,
>   Ut pateant aures, ora rotunda volunt.

« Celle-ci fera flotter ses cheveux sur l'une et l'autre épaule : »

> Alterius crines humero jactentur utroque.

« Cette autre doit en relever les tresses à la manière de Diane : »

> Altera succinctæ religatur more Dianæ.

« L'une charme par les boucles de sa chevelure ondoyante : »

> Huic decet inflatos laxe jacuisse capillos.

« L'autre... » Mais nous n'en finirions pas si nous

voulions suivre Ovide jusqu'au bout, car c'est tout un traité qu'il a composé. De ces diverses modes, la plus gracieuse, au jugement de Juvénal, est celle qui consiste « à rassembler les cheveux et à les emprisonner dans une blonde résille : »

Reticulumque comis auratum ingentibus implet.

Nous noterons en passant que c'est là précisément la manière dont se coiffent aujourd'hui la plupart de nos jeunes femmes.

Mais telle coiffure fera fureur dans un temps qui, à un moment donné, pourra paraître ridicule. Que de fois ne nous est-il pas arrivé de sourire en apercevant quelque ancien portrait de nos grand'mères ? Voici donc ce que les dames romaines avaient imaginé pour parer à cet inconvénient. L'artiste chargé de faire leur buste employait, pour la chevelure, un marbre que l'on pouvait ôter ou remettre à volonté, de telle sorte qu'aussitôt qu'il commençait à *dater*, on le remplaçait par un autre plus dans le goût du jour. La statue de Julia Sémiamira, mère d'Héliogabale, en offre un spécimen des plus curieux.

Les peignes dont on se servait le plus généralement étaient de buis. « Que fera, dit Martial, sur ta tête, où il ne saurait rencontrer un seul cheveu, ce peigne de buis aux dents multiples dont on t'a fait cadeau ? »

Quid faciet, nullos hic inventura capillos,
Multifido buxus quæ tibi dente datur?

Dans Ovide, la veuve du Flamine se plaint de ce

que ses « cheveux rasés lui rendent désormais inutiles les peignes de buis : »

> Non mihi detonsum crinem depectere buxo
> Heu! licet. . . .

Claudien mentionne également les peignes d'ivoire. « Cette jeune fille, dit-il, laboure sa chevelure en tous sens par la morsure de l'ivoire aux nombreuses dents : »

> Hæc virgo morsu numerosi dentis eburno
> Multimodum discrimen arat. . . .

Enfin, Ovide désigne les peignes d'écaille quand il parle des « femmes qui aiment à orner leur tête de la tortue de Cyllène : »

> Hanc placet ornari testudine Cyllenea.

« Tortue » ici est synonyme « d'écaille » la carapace de cet animal servant autrefois, comme elle sert aujourd'hui, à la préparer.

Mais ce n'était pas le tout de savoir peigner et disposer ses cheveux avec art. « Il fallait, dit Martial, les empêcher de salir les étoffes, en en fixant les boucles avec des épingles [1] : »

> Tenuia ne madidi violent bombycina crines,
> Figat acus tortas sustineat que crines.

Ces épingles rappelaient tout à fait celles que portent maintenant encore les femmes de la campagne

---

1. Leur usage est très-ancien. Judith, se préparant à aller immoler Holopherne au salut d'Israël, « relève sa splendide chevelure avec une épingle d'or. »

de Rome. Les plus simples étaient de bois (*lignea*) ; les plus riches étaient d'or (*aurea*). C'est avec une épingle d'or qu'elle retira de sa chevelure que Fulvie, insultant au cadavre de Cicéron, perça la langue de l'illustre orateur pour se venger des affronts qu'elle lui avait fait subir.

Quelques-unes de ces épingles étaient creuses et contenaient du poison. Tel fut, si on en croit Dion Cassius, l'instrument de mort de Cléopatre : mais l'histoire de l'aspic a prévalu. Prisonnière d'Octave et destinée à orner son triomphe, elle se fit apporter un de ces reptiles dans un bouquet de fleurs, puis « contempla, dit Properce, ses bras livrés à sa fatale morsure : »

Brachia spectavit sacris admorsa colubris.

XII

COIFFEUSES.

Leurs attributions ; image de la guerre ; leur châtiment ; soufflet ; coups de nerf de bœuf ; intervention du bourreau ; suspension par les cheveux ; d'où venait cette cruauté ; un esclave n'est pas un homme ; la furie se calme ; elle lit son journal de modes ; une femme exceptionnelle.

Je ne saurais mieux comparer le cabinet d'une dame romaine que l'on se dispose à coiffer, qu'à la tente d'un général qui s'apprête à livrer bataille, les « ornatrices » rappelant par leur va-et-vient continuel le mouvement et l'animation d'un état-major. L'une apporte un bassin d'argent ; une autre une aiguière remplie d'eau parfumée ; une troisième un plateau où s'étalent des peignes et des brosses ; celle-ci fait chauffer dans les cendres les fers à friser ; celle-là dispose les carrés de papyrus qui doivent servir de papillotes ; cette autre, enfin, s'apprête à tenir devant sa maîtresse le miroir gigantesque [1] qui va lui permettre de suivre et de diriger l'ordonnance de sa coiffure.

Présenter le miroir était quelquefois confié à un ami de la maison. « Quelque humiliant que ce soit, dit Ovide, ne croyez pas qu'il y ait déshonneur à le tenir ainsi d'une main complaisante : »

> Nec tibi turpe puta, quamvis sit turpe, placebit
> Ingenua speculum sustinuisse manu.

Mais enfin, l'action est engagée. Hélas ! ce n'est pas sans motif que nous continuons cette même image de la guerre, car ici également il va y avoir bien des larmes et du sang de versés.

La correction la plus anodine était le soufflet : encore devait-on tendre la joue en la gonflant (*ora tumens*), pour qu'il pût être appliqué plus solidement. Venaient ensuite les châtiments plus sérieux. Et, comme il fallait que la peine fût à la hauteur du délit, les coiffeuses se dépouillaient tout d'abord de

---

1. Les Romaines, en plus de ces miroirs d'appartement, connaissaient les miroirs de poche. « Pourquoi, demande Ovide à l'une d'elles, accompagnes-tu tes troupeaux avec ton *miroir* jusqu'au sommet des montagnes ? »

> Quid tibi cum *speculo* montana armenta petenti.

leurs vêtements jusqu'à la ceinture (*deponunt tunicas*), afin que, la peau n'étant plus protégée, la douleur fût plus vive. Malheur alors à celle qui commettait la moindre maladresse !

Martial va nous donner du caractère des dames romaines un petit échantillon qui prouve que, quand elles s'y mettaient, — et elles s'y mettaient souvent — elles n'y allaient pas de main morte. Voici ce qu'il dit de l'une d'elles : « Une seule boucle, mal fixée par une épingle, ne se trouvait pas à sa place ; avertie par son miroir, Lalagé se venge à l'instant de ce crime, et la pauvre Plécussa tombe sous ses coups, les cheveux arrachés : »

> Unus de toto peccaverat orbe comarum
>   Annulus, incerta non bene fixus acu ;
> Hoc facinus Lalage speculo quod viderat ulta est,
>   Et cecidit sectis icta Plecussa comis.

Juvénal raconte le même fait, presque dans les mêmes termes, à propos de la malheureuse Psécas : « Pourquoi cette boucle placée si haut ? Aussitôt un nerf de bœuf fait justice de ce forfait, de cet attentat sur un cheveu : »

> Altior hic quare cincinnus ? Taurea punit
> Continuo flexi crimen facinusque capilli.

« L'infortunée (*infelix*) ! s'écrie Ovide. Elle trempe à la fois de larmes et de sang cette chevelure odieuse : »

> Plorat ad invisas sanguinolenta comas.

Quelquefois, ajoute Juvénal, on faisait venir le

bourreau lui-même (*carnifex*) pour être plus sûr que le châtiment serait encore plus rigoureux. « Le voilà à l'œuvre. Est-il las de frapper? Sors d'ici! rugit-elle; justice est faite. »

> Et cœdit, donec lassis cædentibus; Exi!
> Intonat horrendum jam cognitione peracta.

Enfin, Properce assure qu'après les avoir ainsi battues et meurtries, « on allait quelquefois jusqu'à les suspendre par les cheveux : »

> Cæditur et Lalage tortis suspensa capillis.

Telles étaient trop souvent ces fameuses matrones vues, c'est là le cas de le dire, en déshabillé. On ne comprend pas tout d'abord qu'une femme puisse se montrer aussi impitoyable. Mais n'oubliez pas qu'accoutumées dès l'enfance aux combats du cirque et aux luttes des gladiateurs, elles ne voyaient dans les êtres destinés à les servir que des espèces de machines sur lesquelles elles pouvaient impunément passer leurs caprices et leurs fantaisies. C'est ce que Juvénal a merveilleusement indiqué quand il fait dire à l'une d'elles, dont le cœur est prêt à s'ouvrir à la pitié : « Quelle folie! un esclave est-il donc un homme ! »

> O demens! Ita servus homo est !

Mais enfin, une fois sa bile déchargée, notre petite furie se rasseyait le plus tranquillement du monde et « reprenait la lecture de son journal de mode. »

> . . . . . Longi relegit transversa diurni

Quel journal? Serait-ce donc que les élégantes de Rome avaient déjà leur *Gazette rose* ou leur *Mode illustrée?* En tout cas, je doute que ces feuilles fussent rédigées avec autant de convenance et de tact que les nôtres.

Hâtons-nous d'ajouter que, par une très-flatteuse exception, notre héroïne ne témoignait ni ces impatiences ni surtout ces colères. Elle méritait même qu'on lui appliquât ce compliment d'Ovide à la jeune Napé : « Sa coiffeuse peut être tranquille; elle n'est pas femme à lui déchirer la figure avec les ongles ni à lui enfoncer des aiguilles dans les bras : »

Tuta sit ornatrix; non est quæ sauciet ora
Unguibus, et rapta brachia figat acu.

XIII

FARDS.

Fards blancs; céruse et craie; toute femme qui aime doit être pâle; infusion de cumin; fards rouges; leur vogue; Jézabel et Pomaré; minium; carmin; résidu de crocodile; pinces à tendre le cuir; feu roulant d'épigrammes.

Notre héroïne est-elle une de ces natures mélancoliques et rêveuses qui ne s'adressent qu'aux cœurs sensibles, et qui, pour les charmer, aiment à laisser croire qu'elles ont beaucoup souffert? Dans ce cas, elle étendra sur ses joues une légère couche de céruse. « C'est à la céruse, dit Ovide, que vous empruntez la pâleur de votre teint : »

> Scitis et induta candorem quærere cera.

Au besoin elle emploiera la craie. Martial remarque que « la craie dont se sert Fabulla craint la pluie ; et la céruse dont se sert Sabella, le soleil : »

> Quum crassata timet Fabulla nimbum ;
> Cerussata timet Sabella solem.

Pour saisir ces nuances, il faudrait être mieux renseigné que nous ne le sommes sur la composition de ces deux fards.

Toujours est-il qu'il paraîtrait que, sous Auguste, comme aux beaux temps de notre école romantique, un petit air poitrinaire avait le privilége d'inspirer des sentiments plus tendres qu'une simple compassion. Ovide dit également : « Toute femme qui aime doit être pâle ; c'est la seule couleur qui convienne quand le cœur est épris : »

> Palleat omnis amans ; hic est color aptus amanti.

« Il faut qu'en la voyant chacun soit tenté de s'écrier : « Elle aime ! »

> Hanc ut qui videat, dicere possit : « AMAT ! »

Aussi très-peu négligeaient-elles le conseil d'Horace de « boire une infusion de cumin : »

> . . . . Bibens exsangue cuminum,

cette substance ayant, assurait-on, la propriété, que je crois fort contestable, de décolorer les traits.

Aujourd'hui on préfère généralement le vinaigre, ce qui est un peu moins hygiénique.

Celles mêmes dont la peau était « plus noire que la mûre qui se détache de l'arbre » (*nigrior cadente moro*), mettaient tout en œuvre pour qu'on pût dire d'elles avec Ovide :

> *Leur teint a la blancheur du marbre le plus beau :*
> Forma novi talis marmoris esse solet.

Mais peut-être notre héroïne préférera-t-elle pour son visage des tons plus animés, plus chauds, et alors elle saura, par des couleurs habilement nuancées, en rehausser l'incarnat. Beaucoup de Romaines avaient une véritable passion pour ce genre de coquetterie, dont Ovide a dit avec une grâce si charmante : « Le léger vermillon que le sang a refusé, c'est l'art qui le donne : »

> Sanguine quæ vero non rubet, arte rubet.

Sans doute Tibulle est dans le vrai quand il s'écrie : « A quoi bon enluminer ses joues d'un fard étincelant? »

> Quid fuco splendente genas ornasse?...

Mais, par contre, on peut demander quel peuple civilisé ou sauvage n'a pas eu cette faiblesse. Les beaux vers de Racine nous l'ont révélée chez la reine Jézabel, et les rapports de l'amiral Dupetit-Thouars nous ont appris que la reine Pomaré n'en était point exempte. D'ailleurs, sans parler du tatouage, qui n'est qu'une sorte de peinture incrustée, n'avons-nous pas vu, à Paris, ces affreux lowais, qui regardent comme de suprême bon ton de se barbouiller la figure et le corps avec un enduit rougeâtre?

A Rome, raconte Horace, on employait trois espèces de fards rouges : le minium, le carmin, et « certaine substance extraite du crocodile : »

> . . . . Colorque
> Stercore fucatus crocodili.

Ces fards ne servaient pas seulement à donner à la peau une teinte plus avantageuse; on les employait aussi, dit Ovide, pour « masquer sous une légère couche les traces trop véridiques de l'âge : »

> Parva que sinceras velat aluta genas.

« Que de femmes, ajoute-t-il, cherchent ainsi à réparer les outrages du temps et à dissimuler quelques années ! »

> Quantæ munditiis annorum damna repetunt,
> Et faciunt cura ne videatur anus !

Ce sont ces préparations que Cicéron appelait des « pinces à tendre le cuir (*tentipellium*). »

On comprend que les poëtes y trouvassent amplement matière à plaisanterie; c'était un feu roulant d'épigrammes. Martial surtout se montre impitoyable envers ces pauvres femmes. A l'une il dit : « Tu dors sans ton visage (*non tecum facies dormit tua*); » à une autre : « Tu as une belle carnation, mais non une belle peau (*egregiam carnem, non pellem habes*); » à une autre enfin: « Prends garde

que l'édile ne t'entende ou ne te voie; un portrait
qui parle, c'est un prodige : »

> Audiat ædilis ne te videatque caveto;
> Portentum est quoties cœpit imago loqui.

Il y joint ce petit avertissement dont beaucoup
de gens pourraient faire leur profit : « Une imper-
fection que l'on cache paraît plus grande qu'elle ne
l'est réellement : »

> Quod tegitur majus creditur esse malum.

Juvénal, comme toujours, est beaucoup plus brutal : « Cette face empâtée, dit-il, que recouvrent
tant de drogues (*tot medicamina*), et où s'agglutinent les lèvres des infortunés maris (*miseri viscantur
labra mariti*), est-ce un visage ou une plaie (*facies
dicetur an ulcus*)? »

Ovide lui-même a un éclair d'indignation. « Le
cœur, dit-il, se soulève à la vue de cette lie qui ruis-
selle sur les joues, et que son poids entraîne jusque
sur la poitrine : »

> Quem non offendat toto fœx illita vultu,
> Cum fluit in tepidos pondere lapsa sinus.

Combien Properce avait raison quand il répétait
aux femmes de son temps : « La figure la mieux
réussie est encore celle qu'a donnée la nature ! »

> Ut natura dedit, sic omnis recta figura est.

Malheureusement sa voix ne trouvait pas plus
d'écho à Rome qu'elle n'en trouverait, je le crains
bien, actuellement à Paris.

XIV

APPRÊT DES YEUX; MOUCHES; POUDRE.

Substances employées à estomper les yeux ; antimoine ; mine
de plomb ; fusin ; safran ; noir de fumée ; œufs de fourmis ;
sourcils peints ; sourcils postiches ; mouches ; elles simulent
des grains de beauté ; masquent des taches ; variétés de mouches ; les Romaines ne se poudraient pas la tête ; poudre d'or
des femmes juives et des pages de Salomon.

Les dames romaines empruntèrent aux Asiatiques
l'usage de l'antimoine (*stibium*) pour s'estomper les
paupières, les cils et les sourcils. Du reste, cette
pratique semble remonter aux premiers âges du
monde. Isaïe en parle et Jérémie reproche, ainsi
qu'Ézéchiel, aux filles de Juda « de se farder d'antimoine pour plaire aux étrangers. »

A l'antimoine, succéda la mine de plomb, qui,
elle-même, dut faire place à d'autres substances.

Ovide, dans son livre sur les *Medicamina faciei*,
dont il ne nous reste que des fragments, donne à ce
propos les instructions les plus précises. « N'hésitez
pas, dit-il, à vous noircir légèrement les yeux avec
du fusin, ou mieux avec le safran qu'on récolte près
de tes bords, ô transparent Cydnus : »

> Nec pudor est oculos tenui signare favilla,
> Vel prope te nato, lucide Cydne, croco.

Il veut de plus qu'on s'insuffle entre les paupières
une poudre fine, afin de faire paraître l'œil plus

grand (*grandior*). Il recommande enfin d'allonger, en l'accusant davantage, l'arc des sourcils. « Au besoin, dit-il, sachez en combler les vides avec art : »

Arte supercilii confinia nuda repletis.

Du temps de Juvénal, « on opérait avec une aiguille, noircie à la fumée : »

Illa supercilium madida fuligine tinctum
Obliqua producit acu. . . .

Pline préfère « les œufs de fourmis brûlés et broyés (*ova formicarum usta et trita*). » Mais qu'importe la substance ! Martial saura toujours y trouver motif à épigrammes. « Pourquoi, dit-il à Sabella, t'avises-tu de m'agacer avec le sourcil que tu t'es fabriqué ce matin ? »

. . . . , ... Cur innuis illo,
Quod tibi prolatum est mane, supercilio?

Peut-être s'agissait-il ici, non pas de sourcils peints, mais de sourcils faux, dans le genre de ceux qu'au dire de Pétrone, une suivante de Tryphène appliquait à la jeune Giton, après l'avoir affublée d'une perruque. C'était chose alors tellement naturelle que l'écrivain dit sans plus de façons : « On retira les sourcils de leur boîte. (*Supercilia protulit de pixide.*) »

. — L'usage des mouches, qui a fait fureur à la fin du dernier siècle, était-il connu à Rome? La chose ne me paraît pas douteuse. C'étaient de petits emplâtres, noirs et arrondis, nommés *splenia*, qu'on appliquait comme une sorte de semis sur la peau. Martial les désigne très-clairement, quand il dit : « Des mouches nombreuses constellent son front superbe : »

Et numerosa linunt stellantem splenia frontem.

Ces mouches devaient simuler les petites taches appelées communément « grains de beauté. » Mais il est probable qu'à cette époque, comme plus tard [1], elles servirent aussi à masquer d'autres taches qui, celles-là, n'étaient rien moins que belles. C'est ce qui faisait dire à Ovide : « Peu de visages sont sans taches ; ces taches sachez les cacher : »

Rara tamen menda facies caret; occula mendas.

Quelquefois, au lieu d'emplâtres, on figurait de petits ronds noirs avec un pinceau, en leur donnant la forme d'un croissant (*lunata splenia*). Aujourd'hui encore, les Tunisiennes se font peindre sur les joues, avec la décoction de noix de galle ou de safran, de toutes petites feuilles d'arbre, légèrement dentelées, qni donnent à leur physionomie quelque chose de très-piquant et de tout à fait original.

— Enfin les dames romaines se poudraient-elles les cheveux ? On cite, comme preuve, les reproches que Caton leur adresse de ce qu'elles se rendent la tête rutilante à l'aide d'un mélange pulvérulent (*pulverulenta mixtura*) ; mais il me semble qu'il s'agit bien plutôt ici de teinture que de poudre, dans l'acception que nous donnons à ce dernier mot. Ce qui me

---

1, Samuel Pepys, dans ses *Mémoires,* raconte que la duchesse de Newcastle portait une foule de mouches dans le but de masquer des verrues qui lui déparaient la bouche et les joues.

le ferait surtout penser, c'est le prix extrême que les anciens attachaient à l'éclat et à la netteté de la chevelure, la souiller par la cendre ou la poussière étant pour eux le grand signe de deuil, et comme la suprême manifestation de ce détachement de toutes choses qui constitue le désespoir. Tel Homère nous représente Priam apprenant la mort de son fil Hector : tel Euripide nous représente Électre s'apprêtant à venger le meurtre de son père Agamemnon.

Disons toutefois que les femmes juives faisaient réellement usage de poudre à poudrer. La poudre d'or était, au dire de Josèphe, celle qu'elles préféraient. Il paraîtrait aussi, d'après cet historien, que, dans les grandes cérémonies, le roi Salomon se faisait précéder de quarante pages, issus des plus nobles familles, dont la chevelure était de même toute pailletée d'or.

XV

CORSETS ; ORTHOPÉDIE.

Un compliment ; être élancée comme un jonc ; taille de guêpe ; corset ; Térence le critique ; déviation de la taille ; coussins orthopédiques ; s'entourer de mystère.

On se figure généralement que la manie de se serrer la taille, afin de la réduire à sa plus simple expression, est d'invention moderne. Erreur. On en faisait tout autant à Rome, en vue du même résultat, le compliment le plus flatteur que l'on pût

adresser à une femme étant celui-ci : « *Es juncea*
(vous êtes élancée comme un jonc). » Nous disons
aujourd'hui : « Une taille de guêpe. » C'est la même
idée ; la comparaison est-elle plus flatteuse ?

L'instrument de supplice était, comme actuellement, le corset. Pétrone en parle dans son *Satyricon*.
Térence le désigne de même très-clairement dans le
second acte de *l'Eunuque*, quand il fait la critique
de « ces mères qui abaissent les épaules de leurs
filles et leur compriment la poitrine afin de les rendre plus minces : »

> Quæ matres student demissis humeris esse,
> Vincto pectore, ut graciles fiant.

Il ajoute : « Ont-elles un peu trop d'embonpoint
(*si qua est habitior paulo*), dans la crainte qu'elles
ne ressemblent à un athlète (*ne pugilem esse aiant*),
on leur diminue la nourriture (*deducunt cibum*. »
Et il termine par ce trait si plaisant : « Voilà de
quelle manière on les aime (*itaque ergo aman-
tur*) ! »

Il n'est peut-être pas inutile de rappeler que ce
qu'on pourrait prendre ici pour de l'histoire moderne, s'écrivait il y a quelque chose comme vingt
siècles.

Notre héroïne va donc bien positivement se mettre un corset.

Mais ce n'est pas tout. Elle aura recours encore à
certains compléments orthopédiques, car, prononçons le mot bien bas, sa taille est un peu déviée.
Cette déviation, « elle la dissimule à l'aide de lé-

gers coussins qui rétablissent le niveau des omo-
plates [1] : »

> Conveniunt tenues scapulis analectides altis.

Et elle a grandement raison, dit Ovide; seulement
« qu'elle ait soin que personne ne puisse s'en douter
(*ars sit dissimulata*). » Il fait d'ailleurs la remarque
fort juste qu'il doit en être de même pour tout ce qui
touche à la toilette d'une femme. « Que de choses
nous choqueraient, s'écrie-t-il, si nous les voyions
faire, et qui nous plaisent une fois faites! »

> Multaque dum fiunt turpia, facta placent!

XVI

ROBES.

Être exact dans le service; ce qui remplaçait les sonnettes;
robes serrées dans des buffets; avec quoi on les battait; robes
du matin; leur couleur; leur coupe; leurs principaux noms;
la stole; l'impluviale; la chamarrée; peplum et pallium;
femmes qui portent l'habit de leur mari; pourquoi Xantippe
ne portait pas celui du sien; robe laissant voir les jambes.

La robe était avec la coiffure le morceau capital
de la toilette; aussi y avait-il tout un bataillon de

---

1. Les hommes avaient recours, pour dissimuler leurs bosses,
à des procédés analogues. Capitolin raconte d'Antonin le Pieux,
« qu'il se garnissait la poitrine de petites planchettes de bois,
afin de pouvoir marcher droit. » (*Fasciabatur ligneis tabulis in
pectore positis, ut rectus incederet.*)

femmes de chambre, divisées par brigades, qui, à un signal donné, se succédaient près de leurs maîtresses comme des sentinelles qui se relèvent. Seulement il fallait être exact, la patience n'étant pas la vertu dominante de ces dames. Sans cela vous entendiez bientôt des exclamations telles que celle-ci : « J'ai déjà fait claquer mes doigts et personne n'est venu : »

Jam poscor crepitu digitorum et verna moratur.

Pour bien saisir le sens de ce passage, il faut savoir que les Romaines ne se servaient pas de sonnettes pour appeler, mais qu'elles frappaient dans leurs mains ou faisaient claquer leurs doigts, usage aujourd'hui encore conservé en Orient.

Voilà, je suppose, tout le monde à son poste. Comme les manœuvres seront beaucoup plus simples que pour la coiffure, nous ne devrons pas avoir les mêmes scènes à déplorer.

Les robes étaient renfermées dans de grands buffets d'ébène ou de bois de senteur, très-richement sculptés et appelés *capsulæ*. Sénèque dit des petites maîtresses de son temps « qu'elles semblaient sortir de leurs buffets : (*totæ de capsulâ*). »

Ces buffets fermaient très-hermétiquement. Cependant, « comme la poussière aurait pu s'y glisser, il fallait, dit Martial, battre légèrement les étoffes avec la queue soyeuse d'un animal : »

Sordida si flavo fuerit tibi pulvere vestis,
  Colligat hanc tenui verbere cauda levis.

De quelle couleur sera la robe que notre héroïne

va mettre? Elle n'a, on peut le dire, que l'embarras du choix, tant sont nombreuses les teintures que reçoit la soie[1], le coton[2] ou la laine. C'est là qu'on reconnaissait les personnes de goût, « car tout ne convient pas également à toutes : »

Nam non conveniens omnibus omnis erit.

Pour les robes du matin, Ovide conseille le vert de mer, « qui rappelle la couleur des eaux d'où il a tiré son nom : »

Hic undas imitatus, habet quoque nomen ab undis.

Ou le bleu azuré, « qui ressemble au ciel pur que ne couvre aucun nuage : »

Aeris ecce color, tunc quum sine nubibus aer.

Ou « le jaune safrané, ou bien encore l'incarnat de l'améthyste : »

Ille crocum simulat seu purpureas amethystos.

Pour se fixer, on devait, dit-il, consulter avant tout son miroir. C'est pour les jours d'apparat ou de fête qu'il veut qu'on réserve « les tissus deux fois trempés dans la pourpre de Tyr : »

Tunc quæ bis Tyrio murice lana rubet.

---

1. La soie la plus estimée était fournie par le bombyx d'Assyrie. Pline nous apprend que, pour l'obtenir, on ramollissait les cocons dans l'eau pure, puis on les dévidait sur un fuseau de jonc, méthode aujourd'hui encore en usage en Orient.

2. Le coton venait des Indes. « Certains arbres, dit Hérodote, portent une espèce de laine plus belle et meilleure que celle des troupeaux ; les Indiens la recueillent pour s'en revêtir. »

Ovide consacre également à la coupe de la robe
tout un long chapitre dont je vais extraire au hasard
quelques passages.

L'habit de caractère des dames romaines était la
stole (*stola*), longue et large tunique blanche qui da-
tait des premiers temps de la république et en avait,
en quelque sorte, conservé l'austérité. Fixée aux poignets par un anneau et au corps par une double
ceinture, elle tombait majestueusement jusqu'aux
talons :

> . . . . Talos tegit instita vestis,

enveloppant toute la personne dans les plis de ses
nombreuses draperies. Elle traînait même jusqu'à
terre, à la manière de nos robes à queue. C'est la
stole que portait Vétrurie quand elle fut envoyée en
députation vers Coriolan, retiré chez les Volsques;
c'est vêtue de la stole également que les poëtes représentaient Junon :

> . . . . Pedes vestis defluxit ad imos,

quand ils veulent faire ressortir la majesté de sa mise
et de son maintien. Une courtisane ou même une
femme de mœurs simplement douteuses n'eût point
osé en faire usage. Par contre, c'était la robe de
prédilection des matrones, surtout si elles étaient un
peu petites, car, plus que toutes les autres, cette robe
avantageait la taille.

L'impluviale (*impluviata*), espèce de toge dont la
forme carrée rappelait l'impluvium d'une maison, et
la chamarrée (*patagiata*), tunique à ramage, toute
semée de fleurs de pourpre et d'or, étaient le vête-

ment de prédilection des jeunes filles et des jeunes femmes. Rarement on les portait sans pardessus. Tantôt on y ajoutait le *peplum*, véritable châle qui croisait par devant et s'attachait par un camée; tantôt le *pallium*, dont la forme un peu roide n'était pas sans analogie avec celle de nos paletots.

Ces pardessus avaient l'un et l'autre une origine grecque; seulement leur signification était un peu différente. Le premier indiquait toujours une certaine aisance; le second convenait surtout aux fortunes modestes : certaines femmes portaient même volontiers celui de leur mari comme preuve de la parfaite union du ménage[1]. Ainsi faisait l'excellente épouse de Phocion; par contre, on ne raconte rien de semblable de l'abominable mégère qui avait nom Xantippe. C'eût été là, du reste, un mensonge dont personne n'eût été dupe.

Ovide parle encore de beaucoup d'autres robes, telles que la regille (*regilla*), le linon (*linteolum*), la laconienne (*laconicum*) et la plumetie (*plumetite*). C'est cette dernière que notre héroïne, qui est élégante et svelte, préfère à toutes les autres, à cause de l'extrême légèreté de son tissu (*pluma*, plume). Peut-être aussi a-t-elle une autre raison. Sa jambe est bien faite; or, « c'est la robe qui permet le mieux de l'apercevoir : »

Contingunt oculis crura videnda suis.

1. Cette parfaite union n'existait souvent qu'aux dépens de l'autorité du mari ; aussi dit-on encore aujourd'hui d'une femme maîtresse, « qu'elle porte les culottes. »

XVII

CHAUSSURES.

Jambes bien faites ; cothurne ; jambes mal faites ; souliers ; ne pas se tromper de pied en se chaussant ; Auguste superstitieux ; escarpins ; pantoufles ; brodequins ; souliers à la poulaine ; espadrilles d'Empédocle ; géante devenue pygmée.

Nous venons de parler de jambes bien faites. Elles étaient aussi prisées à Rome qu'à Paris. C'est pour celles-là qu'Ovide réclame « le cothurne aux gracieux enlacements : »

. . . . . . Vinclis crura resolve suis.

« Quant aux jambes plus ou moins mal tournées, il n'admet que le soulier de peau blanche, qui les cachait entièrement : »

Pes malus in nivea semper celetur aluta.

« Ce n'était pas une raison, toutefois, pour se négliger au point de laisser le pied nager dans une chaussure trop large : »

Nec vagus in laxa pes tibi pelle natet.

« De même qu'on devait éviter d'en serrer la bride jusqu'à l'étrangler : »

Ansaque compressos colligit arcta pedes.

Enfin il fallait bien prendre garde, en se chaussant, de se tromper de pied. « Si, par malheur, dit

Suétone, Auguste mettait le soulier droit pour le gauche ou le gauche pour le droit, il regardait cela comme un très-fâcheux présage » (*si dexter sibi calceus pro sinistro aut sinister pro dextro indueretur, id dirum auspicium observabat*). Tant il est vrai que les grands hommes ont, de tout temps, été plus ou moins superstitieux !

Les femmes, dès cette époque, chaussaient déjà le fin escarpin. « O Silva, dit Martial, aie soin que tes escarpins soient plus blancs encore que la neige récemment tombée : »

> . . . . *Calceus autem*
> *Candidior prima sit tibi, Silva, nive.*

Il n'est même, à vrai dire, aucun modèle qu'elles ne connussent, depuis la simple pantoufle (*soccus*) jusqu'à l'élégant brodequin (*crepida*) et même jusqu'aux souliers à la poulaine (*uncinus*). Enfin, une mosaïque de Pompeïa représente Empedocle faisant avec des espadrilles (*sandalium*) cette fameuse ascension de l'Etna qui devait éterniser son nom un peu aux dépens de sa mémoire.

Une petite ruse, fort commune autrefois comme elle l'est aujourd'hui, consistait à se grandir à l'aide de semelles épaisses et de talons élevés. « Voyez cette géante (*longissima femina*), dit Juvénal. Elle va devenir plus petite qu'un pygmée, dès l'instant où vous lui ôterez son cothurne : »

> . . . . *Breviorque videtur*
> *Virgine Pygmæa, nullis adjuta cothurnis.*

XVIII

BIJOUX.

Passion des Romaines pour les bijoux; reproches d'Ovide; bracelet pesant dix livres; amulettes en fer de potence; corde de pendu; magie alliée à l'astrologie; bagues aux orteils; crotales; poissons avec boucles d'oreille; deux perles de Cléopatre; une avalée; l'autre sciée; cadeau de César à la mère de Brutus; on portait sur soi ses revenus.

La toilette de notre héroïne touche à sa fin : encore un détail et ce sera le dernier.

Les dames romaines poussaient si loin la passion des bijoux qu'elles aimaient à s'en parer à tout instant de la journée, et même le matin. Ovide, si indulgent d'ailleurs, ne peut s'empêcher de le leur reprocher. « Vous voulez, dit-il, que vos robes soient toutes brochées d'or : »

Vultis inaurata corpora veste tegi.

« Vous voulez que votre main soit ornée de pierres étincelantes : »

Conspicuam gemmis vultis habere manum.

« Vous garnissez votre cou de perles venues d'Orient; et c'est pour vos oreilles que vous réservez les plus lourdes : »

Induitis collo lapides oriente paratos;
Et quantos onus est aure tulisse tuos.

Ovide n'a garde d'oublier « les bracelets » (*armillæ*) façonnés en serpent d'or massif. Ils pouvaient peser jusqu'à dix livres (*decem libræ*). Comme on en doutait, dit Pétrone, Trimalcion fit apporter une balance « et chacun put s'assurer que le poids était exact » (*et circulatim approbari pondus*).

Enfin il y avait les amulettes. C'étaient des anneaux magiques destinés à garantir du « mauvais œil » ou des « jeteurs de sort. » Ils consistaient en un Jaspe étoilé portant pour devise : « Dieu vous garde (*salvos ire*). » Lucien nous apprend, dans sa comédie du *Menteur*, que les plus recherchés étaient en « fer de potence » (*œs patibuli*). Les potences devenant rares, force a été de nous rabattre sur la modeste « corde de pendu. »

Mais pour que l'amulette possédât toutes les vertus d'un talisman, il fallait qu'elle eût été consacrée par un prêtre du temple de Sérapis, sous le même signe du Zodiaque qui avait vu naître la personne à laquelle elle était destinée. C'était, on le voit, une heureuse alliance de la magie et de l'astrologie, deux sciences également en honneur à Rome.

Est-il vrai que les femmes poussassent l'étrangeté du luxe jusqu'à porter des bagues aux orteils? Le passage suivant de Martial semblerait l'indiquer : « Cet anneau, dit-il, pouvait très-bien convenir pour tes pieds, mais il est beaucoup trop pesant pour tes doigts : »

> Annulus ille tuis fuerat modo cruribus aptus;
> Non eadem digitis pondera conveniunt.

Cette innovation a été tentée récemment dans nos salons de Paris, mais avec un succès qui ne paraît pas devoir se soutenir.

Toujours est-il que ce qu'elles avaient imaginé pour leur boucles d'oreille rend toute supposition vraisemblable. Ainsi elles s'attachaient jusqu'à trois et quatre grosses perles à la même oreille pour former ce qu'elles appelaient des crotales (*crotalia*), nouveau genre de grelots dont le bruit plaisait trop à leur vanité flattée pour qu'elles en sentissent l'embarras. Ovide avait beau leur dire : « N'allez pas charger vos oreilles de ces pierres somptueuses que pêche sur ses verts rivages l'Indien basané : »

> Vos quoque non caris aures onerate lapillis ,
> Quas legit in viridi decolor Indus aqua?

Et Juvenal : « Quelle démence ! » (*Insania !*)

> *De monstrueux pendants allongent leurs oreilles :*
> Auribus extensis magnos committit elenchos.

C'était peine perdue. Enfin, le croirait-on? Beaucoup de ces grandes dames s'amusaient, à l'exemple d'Antonia, femme de Drusus, à orner « de boucles d'oreille les poissons de leurs viviers » (*inaures piscibus addunt*), afin de se donner la fantaisie de les voir nager dans cet équipement.

Toutes ces prodigalités coûtaient nécessairement fort cher. La perle que Cléopatre avala dans une orgie était estimée deux millions, et si Antoine ne s'y fût opposé, la seconde [1], qui valait le même prix,

---

1. Cette seconde perle, après la mort de Cléopatre, passa dans les mains d'Agrippa, qui la fit scier en deux pour servir

aurait suivi le même chemin. Il n'est pas jusqu'à César qui n'ait payé près d'un million celle dont il fit cadeau à la mère de Brutus. Il avait, du reste, un goût particulier pour ce genre de bijoux. C'est lui qui, dans ses lois contre le célibat, interdit les perles aux femmes qui n'avaient ni mari, ni enfants et qui comptaient moins de quarante-cinq ans d'âge.

Ce qui ajoutait encore à la valeur de ces objets, c'était le souvenir des personnages auxquels ils avaient primitivement appartenu, et qui étaient pour la plupart des reines ou des rois dépossédés. C'est ce que Martial appelait : « les orgueilleuses légendes de l'argent » (*fumosa argenti stemmata*).

Ajoutez à cela que toute femme un peu à la mode devait avoir des bijoux de rechange, lesquels étaient renfermés dans deux écrins (*dactyliotheca*) différents. Il y avait l'écrin d'hiver (*hibernum*) et l'écrin d'été (*æstivum*). En hiver, on portait les bijoux massifs (*pleni*) ; en été les bijoux légers (*leves*) et particulièrement les pierres précieuses, dont le soleil faisait alors mieux ressortir l'éclat.

A propos de pierres précieuses, nous n'avons rien dit du diamant. C'est qu'on ne connaissait point encore l'art de le tailler et que, par suite, il constituait plutôt un objet de curiosité qu'une parure : les perles le remplaçaient.

Jamais, on le voit, le luxe n'avait été poussé si loin. Ovide s'en plaint en termes fort piquants :

de boucles d'oreille à la statue de Vénus du temple du Panthéon qu'il venait d'inaugurer.

« Pourquoi, dit-il, cette fureur de porter sur soi ses revenus ? »

Quis furor est census corpore ferre suos?

Et Properce : « La matrone s'avance, vêtue de l'héritage de ses neveux : »

Matrona incedit census induta nepotum.

Ne semble-t-il pas entendre Sully se moquer des courtisans chamarrés d'or de la cour de Louis XIII, qui, disait-il, « portaient sur leurs épaules leurs bois de haute futaie ? »

XIX

INSPECTION GÉNÉRALE.

Dernier coup d'œil jeté à la glace; juge du camp; un ancien proverbe.

Tel est l'arsenal des grands et des petits moyens où nous avons vu notre héroïne puiser si largement. Mais enfin, la voilà sous les armes. Pour mieux se rendre compte de l'ensemble, elle se place devant une immense glace qui « lui permet de se contempler de la tête aux pieds » (*specula totis paria corporibus*). Juvénal veut, de plus, qu'en guise de juge du camp « elle fasse venir certaine vieille émérite qui de l'aiguille est passée à la quenouille, et dont l'avis fera loi : tant elle a à cœur de s'assurer qu'elle est belle ! »

. . . . Atmotaque lanis
Emerita quæ cessat acu; sententia prima
Hujus erit : tanta est quærendi cura decoris!

Ne soyez pas surpris, après cela, du temps qu'il lui aura fallu pour arriver ainsi à un résultat satisfaisant. Un ancien proverbe l'a dit : « L'habillement et la coiffure d'une femme exigent une année : »

Dum moliuntur, dum comuntur, annus est.

Il faut bien, d'ailleurs, que les préparatifs répondent à l'importance du but. Or notre Romaine n'est pas femme à s'en tenir aux seules jouissances que donne la vanité sans emploi. Elle connaît son prestige et médite un siége; on peut même dire que déjà elle est entrée en campagne. Est-il besoin d'ajouter qu'elle ne négligera aucun des artifices destinées à assurer son succès ? Ces artifices, dont il nous reste à parler, auront d'autant plus de chances de réussir que, de tous temps, les hommes s'en sont montrés les complices, encore bien qu'ils dussent trop souvent en être les victimes.

DEUXIÈME PARTIE.

ARTIFICES.

Ces artifices, qu'Aristophane appelait si plaisamment « les cosmétiques de l'âme (κοσμητικη ψυχης) » formeront donc le complément de la toilette de notre Romaine. Seulement attendez-vous à en rencontrer dans le nombre qui mériteraient plutôt l'épithète de « roueries. » Et encore aurons-nous soin de faire un choix dans les récits que nous en ont légués les *Mémoires* du temps, car c'est surtout en semblable matière que

Le latin dans les mots brave l'honnêteté.

I

IMPOSSIBILITÉ DE TOUT DIRE.

Maximes étranges en morale ; vie châtiée ; écrits licencieux ;
Ovide professeur ; un échantillon de son caractère.

Il nous sera d'autant plus impossible de tout dire que les auteurs d'alors professaient en morale les maximes les plus étranges. Qu'on en juge par ces quelques citations.

Ovide disait : « Ma conduite est décente ; ma muse seule est licencieuse : »

> Vita verecunda est ; musa jocosa mihi.

Martial disait aussi : « Mes écrits sont libertins, mais ma vie est honnête : »

> Lasciva est nobis pagina ; vita proba est.

Enfin Catulle formulait cet axiome : « Un poëte doit être personnellement chaste ; mais cela importe peu pour ses œuvres : »

> Nam castum esse decet pium poetam
> Ipsum ; versiculos nihil necesse est.

Étrange distinction ! Comme si l'immoralité qui s'affiche n'était pas mille fois plus dangereuse que l'immoralité qui s'efface ! Comme si surtout l'austérité des mœurs pouvait jamais se concilier avec le libertinage habituel de la plume et de la pensée !

De tous ces poëtes, le plus charmant serait sans contredit Ovide, s'il n'était, hélas ! le plus dévergondé. Malheureusement c'est celui auquel il nous faudra faire le plus d'emprunts, ses livres renfermant tout un traité de la matière, à tel point qu'il voulait que « chaque femme écrivît sur ses tablettes : « Il fut notre maître : »

> Inscribant tabulis : « Naso magister erat. »

Singulier professeur cependant que celui qui infligeait à la pauvre Corinne une correction telle que celle-ci : « Hélas ! s'écrie-t-il, j'ai eu le courage de lui arracher les cheveux et de labourer ses joues délicates avec mes ongles : »

> Eheu ! sustinui, raptis e fronte capillis,
> Ferreus ingenuas ungue notare genas.

Mais laissons ces querelles de ménage interlope. Elles nous initieraient à certains détails que nous devons ignorer, car, je le répète encore, notre plume sera châtiée, et rien de ce qui en sortira

> *Ne saurait alarmer les oreilles pudiques.*

II

INSTRUCTIONS GÉNÉRALES.

Début insinuant d'Ovide ; la femme moins perfide que l'homme ; exemples tirés de l'histoire ; soins que réclame la beauté ; opérer dans l'ombre ; ingénieuse comparaison ; se montrer à propos ; savoir rougir ; un conseil de haute diplomatie.

Ovide, en homme qui connaît son monde, veut tout d'abord s'assurer les bonnes grâces de celles à qui il s'adresse. Pour cela il emploie un moyen infaillible : c'est de leur faire force compliments.

« La vertu, dit-il, est femme d'habit et de nom. Qu'y a-t-il d'étonnant à ce qu'elle se montre favorable à son sexe ? »

> Ipsa quoque et cultu est et nomine femina virtus :
> Quid mirum populo si favet ipsa suo ?

Puis il ajoute : « L'homme trompe souvent, la

femme presque jamais. Étudiez-la ; vous y trouverez bien peu d'exemples de perfidie : »

> Sæpe viri fallunt, teneræ non sæpe puellæ ;
> Paucaque, si quæras, crimina fraudis habent.

Et, comme preuves, il rappelle que ce fut Jason qui délaissa Médée, Thésée Ariane, et le pieux Enée Didon, tandis que Laodamie succombait à la fleur de l'âge pour aller rejoindre son époux au tombeau, et qu'Alceste se dévouait à la mort pour sauver les jours du sien.

Après avoir ainsi préparé le terrain, Ovide expose, en termes généraux, une série d'instructions qu'il se plaît à développer avec une grâce qui n'appartient qu'à lui. J'en prends quelques-unes au hasard.

Les femmes, dit-il, ne sauraient apporter trop de soin à leur beauté, « doux présent des dieux (*dulce Dei munus*). La plupart, il est vrai, sont privées de cette faveur : »

> Pars vestrum tali munere magna caret,

« la somme des laides l'emportant toujours sur celle des belles : »

> Pluraque sunt semper deteriora bonis.

Mais l'art y suppléera. « Les mains qui vous approchent n'ont-elles pas le pouvoir de donner ou de refuser la beauté ? »

> Admotæ formam dant que negant que manus.

Ayez seulement la précaution d'opérer dans

l'ombre (*silentes*). « Il est beaucoup de choses que nous autres, hommes, devons ignorer : »

> Multa viros nescire decet. . . .

Par exemple, « laissez-nous croire que vous dormez encore, alors que vous travaillez à votre toilette : »

> Tu quoque dum coleris, nos te dormire putemus.

« Pourquoi saurais-je à quelle cause est due la blancheur de votre teint? »

> Cur mihi nota tuo causa est candoris in ore?

« Surtout qu'un indiscret ne vienne pas vous surprendre au milieu des petites boîtes qui servent à vos apprêts : »

> Non tamen expositas mensa depredat amator
>   Pyxidas. . . .

« Utile tant qu'il se cache, l'artifice découvert tourne à confusion et détruit avec raison la confiance sans retour : »

> Si latet ars prodest; affert deprensa pudorem,
>   Atque adimit meritò tempus in omne fidem.

Et comme si ce n'était assez, Ovide a recours à une comparaison aussi frappante que juste. « Voyez, dit-il, ces décors brillants qui ornent la scène; examinés de près, ce n'est qu'un bois recouvert d'une mince feuille d'or : »

> Aurea quæ pendent ornato signa theatro
>   Inspice, quam tenuis bractea ligna tegat.

« Mais on défend que les spectateurs en approchent avant que tout ne soit terminé : »

> Sed neque ad illa licet populo, nisi facta, venire.

« Ainsi ce n'est qu'en l'absence de tout témoin que vous devez préparer vos attraits factices : »

Nec nisi submotis forma paranda viris.

Supposant ensuite un peu gratuitement, je présume, qu'il s'adresse à des ingénues, notre professeur, pour commencer à les dégourdir, en prend une à partie, et lui dit d'un ton paterne : « Vous avez rougi! La rougeur sied à la blancheur de votre teint; mais elle n'est utile que quand elle feinte : véritable, elle ne peut que nuire : »

Erubuit! Decet alba quidem pudor ora ; sed iste,
  Si simules, proderit : verus, obesse solet.

Il termine par ce conseil de haute diplomatie : « Ayez le talent de faire croire que vous désirez vivement ce dont vous vous souciez le moins, ou que vous tenez à obtenir ce que vous redoutez le plus : »

Ars est captandi quod nolis velle videri ;
  Ne facias optat quod rogat ut facias.

Ces grands préceptes une fois posés, Ovide aborde les détails. Nous nous contenterons de les transcrire sous sa dictée, trouvant en lui un guide d'autant plus sûr qu'il connaît « ses élèves » non moins bien que la société où elles sont appelées à vivre. Aussi va-t-il mêler à ses leçons sur les artifices qu'elles sauront, au besoin, assaisonner de minauderies, des notions curieuses sur la civilisation par trop raffinée de la Rome impériale.

III

MANIÈRE DE RIRE.

C'est l'objet d'un enseignement; comment doit rire une femme mal dentée; ne pas se tordre la bouche; ne pas paraître pleurer; ne pas braire; rire doux et féminin.

« Qui le croirait ? s'écrie Ovide , on enseigne aux jeunes filles la manière de rire; c'est un moyen de plus pour elles de faire valoir leurs charmes : »

> Quis credat? Discunt etiam ridere puellæ ;
>   Quæritur atque illis hac quoque parte decor.

Chez nous ceci ne s'enseigne pas, mais s'apprend tout seul. Sous ce rapport, nos Parisiennes sont plus avancées que les élégantes de Rome.

Le poëte continue : « Si vos dents sont noires, ou trop longues, ou mal rangées, vous pourrez en riant vous faire beauconp de tort : »

> Si niger, aut ingens, aut non est ordine natus
>   Dens tibi, ridendo maxima damna feres.

Il conseille de recourir alors aux petites manœuvres suivantes : « N'ouvrez que peu la bouche ; que vos joues se creusent de deux fossettes, et que la lèvre d'en bas recouvre l'extrémité des dents supérieures : »

> Sint modici rictus; sint parvæ utrinque lacunæ ;
>   Et summos dentes ima labella tegant.

Viennent ensuite diverses remarques telles que

celle-ci : « Il est des femmes qui ne peuvent rire sans se tordre hideusement la bouche : »

> Est quæ perverso distorqueat ora cachinno.

Et celle-là : « Il en est qui, voulant témoigner leur joie, semblent pleurer : »

> Quum risu læta est altera, flere putes.

Et cette autre : « Vous en verrez qui choquent l'oreille par des sons rauques et discordants ; on croirait entendre braire une ânesse qui tourne la meule : »

> Illa sonat, raucum quiddamque inamabile stridet ;
> Ut rudit ad scabram turpis asella molam.

Ovide termine par cette recommandation pleine de tact : « Évitez un rire trop fréquent ; que les sons que vous ferez entendre aient je ne sais quoi de doux et de féminin : »

> Nec sua perpetuo contendant ilia risu ;
> Sed leve nescio quid femineumque sonent.

IV

MANIÈRE DE PLEURER.

Apprendre à pleurer avec grâce; puissance des larmes; scène de larmes avec évanouissement; fausses larmes; comment on pleure quand on n'en a pas envie; une veuve aux funérailles de son mari; moyen d'en trouver un autre.

Où l'art, s'écrie Ovide, ne pénètre-t-il pas ? Les

femmes apprennent à pleurer avec grâce et quand elles veulent, et comme elles veulent : »

> Quò non ars penetrat? Discunt lacrymare decenter ;
> Quoque volunt plorant tempore, quoque modo.

Savoir pleurer fait partie de leur éducation :

> Ut flerent oculos erudiere suos.

C'est le moyen qu'elles emploient le plus habituellement pour se faire faire quelque cadeau. « Combien de fois, dit-il, désolées d'une perte imaginaire, viendront-elles, les yeux en pleurs, se plaindre d'avoir perdu la perle précieuse qui ornait leur oreille ! »

> Quid, quum mendaci damno mœstissima plorat,
> Elapsusque cava fingitur aure lapis !

« C'est que les larmes ajoutent encore à la beauté : »

> Nec facta est lacrymis turpior illa suis.

« Faites, s'il se peut, qu'on les voie ruisseler le long de vos joues : »

> Fac madidas videat, si potes, ille genas.

« Rien ne leur résiste ; avec des larmes on amollit jusqu'au diamant : »

> Et lacrymæ prosunt ; lacrymis adamanta movebis.

Une savante manœuvre était celle qui consistait à faire précéder la scène de larmes d'une scène d'évanouissement. Ovide lui-même avoue y avoir été pris : « La perfide ! (*perfida !*) s'écrie-t-il ; je l'ai vue anéantie, la figure toute bouleversée et blanche comme le marbre que le ciseau dérobe aux carrières de Paros : »

> Adstitit illa amens, albo et sine sanguine vultu,
> Cæduntur Pariis qualia saxa jugis.

« Puis ses larmes, longtemps contenues, inondèrent son visage, ainsi que l'eau s'échappe de la neige qui vient de fondre : »

> Suspensæque diu lacrymæ fluxere per ora,
> Qualiter abjecta de nive manat aqua.

« Les larmes qu'elle répandait ainsi, il me semblait que c'était mon sang : »

> Sanguis erant lacrymæ, quas dabat illa, meus.

Et tout cela n'était qu'un jeu ! Ovide, du reste, n'avait pas le droit de s'en fâcher. S'il était dupe, c'est que tout simplement ses élèves, comme il les appelle, avaient su profiter de ses leçons. N'est-ce pas de lui qu'elles tenaient ce précepte ? « Sachez tirer habilement parti des fausses larmes et des fausses douleurs : »

> Accedant lacrymæ dolor et de pellice fictus.

Et cet autre : « Si vous ne pouvez verser de larmes, car on ne les a pas toujours à commandement, frottez vos yeux avec votre main humide : »

> Si lacrymæ, neque enim veniunt in tempore semper,
> Deficiunt, uda lumina tange manu.

Enfin n'avait-il pas été jusqu'à leur dire : « C'est

souvent aux funérailles d'un mari qu'on en trouve un autre; rien ne sied comme de marcher les cheveux en désordre, en donnant librement cours à ses sanglots : »

> Funere sæpe viri vir quæritur; isse solutis
> Crinibus et fletus non tenuisse decet.

V

MANIÈRE DE PARLER.

Mots estropiés; bégaiement feint; nasillement; lettres escamotées; mêmes travers chez les modernes.

Les dames romaines prenaient plaisir à estropier certains mots par le retranchement de quelque lettre indispensable (*littera legitima*), et à « simuler de petites hésitations de la langue, comme quand on bégaye : »

> Blæsaque fit jusso lingua coacta sono.

« Ce vice de prononciation devenait, dit Ovide, un agrément; aussi s'exerçaient-elles à parler moins bien qu'elles ne le pouvaient : »

> In vitio decor est quædam male reddere verba ;
> Discunt posse minus, quam potuere, loqui.

Du temps de Perse, « il était surtout de mode de parler du nez : »

> Rancidulum quiddam balba de nare locutus.

Ce qui n'empêchait pas « d'escamoter les let-

tres qui auraient pu blesser les palais trop délicats : »

> . . . . Tenero supplantat verba palato.

Nous retrouvons cette afféterie ridicule parmi les
petits maîtres du Directoire et de l'Empire. Ils disaient : Une femme *adoable*, c'est *chamant*, ma
paole d'honneu, la lettre R étant proscrite de leur
langage comme beaucoup trop dure pour les oreilles
et pour le gosier. Mais nous-mêmes, sommes-nous
donc complétement à l'abri de ces petits travers ?
Que quelqu'un, par exemple, s'avise dans un salon
de prononcer «Talleyrand, Béarn, piqueur, » comme
ces noms s'écrivent, au lieu de dire « Tall'rand,
Béar, piqueu, » on jugera de suite qu'il n'a pas
l'habitude du grand monde.

VI

DÉMARCHE ET TOURNURE.

Trop de nonchalance ; trop de roideur ; trop de majesté ;
énormes enjambées ; garder une juste mesure.

Ovide dit avec beaucoup de raison : « Il y a dans
la démarche une grâce qui n'est point à dédaigner ;
apprenez donc à marcher comme il convient à une
femme : »

> Est et in incessu pars non temnenda decoris;
> Discite femineo corpora ferre gradu.

Ceci rappelle le fameux hémistiche de Virgile :

« *Et vera incessu patuit dea* » (sa démarche révéla
de suit eune déesse).

Ovide fait ensuite la critique et un peu la charge
de certaines tournures : « L'une s'avance d'un pas
nonchalant (*molliter incedit*); une autre d'un pas
roide (*altera dura est*); celle-ci, par un mouvement
compassé des hanches, livre aux vents les plis de
sa robe et allonge le pied avec majesté : »

> Hæc movet arte latus; tunicisque fluentibus auras
> Excipit, extensos fertque superba pedes.

« Cette autre, imitant la rubiconde épouse d'un
paysan de l'Ombrie, se promène en faisant d'énormes enjambées : »

> Illa velut conjux Umbri rubicunda mariti,
> Ambulat, ingentes varica fertque gradus.

« En cela, comme en beaucoup de choses, ajoute
Ovide, il est une juste mesure à garder : »

> Sed sit, ut in multis, modus hic quoque. . . . . .

VII

INFIRMITÉ DISSIMULÉE.

Inconvénients de certains tempéraments : petits bruits ;
un enfant pris pour éditeur responsable.

Tous ces artifices de la femme romaine pour ré-
former et, trop souvent aussi, pour déformer la nature, devaient se heurter quelquefois contre certaines
impossibilités. Il fallait alors user de ruses. En

voici une que j'emprunte à Martial à titre de spécimen, mais non sans éprouver d'assez vifs scrupules,
tant le sujet me paraît scabreux. Essayons cependant
de nous faire comprendre.

Galien admet trois espèces principales de tempérament : le :empérament sec, le tempérament humide et le tempérament.... gazeux (*ventosus*). Sup-
posez qu'une femme appartienne à cette dernière
catégorie, que devra-t-elle faire pour en dissimuler
les inconvénients? — Elle prendra, dit Martial,
un éditeur responsable. — Mais comment? — Laissons parler le poëte.

« Fabullus, s'écrie-t-il, ton amie Bassa a toujours
près d'elle un enfant qu'elle appelle son bijou, ses
délices : »

> Infantem secum semper tua Bassa, Fabulle,
>   Collocat, et lusus deliciasque vocat.

« Et pourtant, chose singulière ! elle n'aime pas
les enfants : »

> Et, quod mireris magis, infantaria non est.

« Pourquoi donc cette précaution? C'est que Bassa
fait entendre certains petits bruits : »

> Ergo quid in causa est? Pedere Bassa solet.

Mais laissons Martial pour revenir à Ovide, dont
la plume, si elle n'est pas plus châtiée, est du moins
beaucoup trop discrète pour se permettre ce genre
de révélations.

VIII

UN EMPRUNT FORCÉ.

Mise en scène; un colporteur; une maîtresse de maison; un
invité; choix et achat de marchandises; prière à l'invité de
payer; il paye; ne jamais lui rendre; complicité d'Ovide.

Et encore, que parlons-nous de discrétion à propos d'Ovide? Le monde où il vivait ressemblait singulièrement, par la légèreté ou plutôt par la licence
de ses mœurs, à celui qu'on appelle aujourd'hui le
« demi-monde, » et ses complaisances pour ses
élèves allaient jusqu'à le rendre complice de leurs
manœuvres les plus coupables. Je n'en veux d'autre
preuve que ce qu'il leur dit sur la manière de s'y
prendre pour contracter un emprunt. C'était, nous
allons le voir, toute une œuvre de haute stratégie.

« De la dissimulation, s'écrie-t-il; ne montrez pas
tout d'abord votre rapacité : »

Dissimulate tamen; primo non este rapaces.

Alors commence la petite scène que voici :
Un colporteur (*institor*) arrive, comme par hasard.
Il étale ses marchandises les plus belles dans le
salon où la maîtresse de la maison a réuni quelques
invités sous un prétexte quelconque, sauf, bien entendu, le véritable. Celle-ci, s'adressant à l'un d'eux
qu'elle sait être riche : « Faites un choix, dit-elle,
afin que chacun puisse juger de votre bon goût : »

Quas illa inspicias, sapere ut videare, rogabit.

Il s'y prête d'abord de très-bonne grâce ; « mais elle ajoute : Veuillez payer : »

. . . . , . . . Deinde rogabit emas.

« Vainement alors il prétexte qu'il n'a pas assez d'argent sur lui ; on lui demande de faire un billet et il maudit de savoir écrire : »

Si non esse domi, quos des, causabere nummos,
   Littera poscetur, ne didicisse juvet.

« Que de choses, ajoute Ovide, les femmes empruntent ainsi comme devant les rendre, et dont on n'entend plus parler ! »

Multa rogant reddenda dari, data reddere nolunt.

Si encore elles s'en montraient reconnaissantes ! Mais, sachez-le bien, « c'est autant de perdu pour vous et on ne vous en sait pas le moindre gré : »

Perdis et in damno gratia nulla tibi est.

Vous croyez peut-être qu'Ovide va leur faire, à ce propos, quelque remontrance ? Bien au contraire ; il formule en principe leurs belles pratiques et leur dit : « Quand vous avez obtenu beaucoup de cadeaux, au lieu de dépouiller tout à fait votre victime, demandez simplement qu'on vous prête ce que vous ne rendrez jamais : »

Quum multa abstuleris, ut non tamen omnia donet,
   Quod nunquam reddas commodet ille roga.

« Seulement qu'on croie que vous êtes toujours à la veille de rendre : »

At quod non dederis semper videare datura.

Mais en voilà assez, beaucoup trop même, sur les honteux artifices de ces femmes galantes et sur la complicité plus honteuse encore de leur digne conseiller. Quittons, il en est temps, cette atmosphère nauséabonde. Aussi bien notre héroïne, qui heureusement n'appartient pas à ce monde-là, part pour la promenade. Nous l'y accompagnerons, car nous avons réellement besoin d'aller rafraîchir notre poitrine et nos idées en respirant un air plus pur.

IX

PROMENADE EN PALANQUIN.

Ce qu'était un palanquin ; porteurs en livrée ; coureurs africains ; Liburniens sergents de ville ; boules à rafraîchir les mains ; serpent noué autour du cou ; voiles et demi-voiles ; insolence des courtisanes ; la foule leur dit leurs vérités ; luxe des parvenues ; un mot de Juvénal.

Une femme comme il faut ne sortait jamais à pied ; rarement aussi, quand elle était seule, elle allait en voiture : presque toujours elle se faisait porter en palanquin (*lectica*).

Le palanquin de notre héroïne représente un élégant sofa, terminé à chacune de ses extrémités par deux longues traverses, et garni de petites colonnes où s'attachent des rideaux qui s'ouvrent et se ferment à volonté. Elle s'y assied ou plutôt elle s'y étend sur un lit de plumes (*pensilibus plumis*), la tête soutenue par un moelleux traversin. Je ne peux mieux comparer son attitude qu'à celle de la Didon du tableau de Guérin , écoutant les récits du pieux Énée.

Elle fait un signe de tête. Aussitôt de vigoureux Syriens, en livrée rouge de laine de Canosa (*canusiati*), enlèvent la litière et la placent sans secousse sur leurs larges épaules. Ces « octophores » comme on les appelait, parce qu'ils étaient au nombre de huit (*octo*), représentaient des espèces d'hercules « taillés, dit Pétrone, de manière à soulever Jupiter en courroux » (*qui valebant Jovem iratum tollere*). On les recrutait en Syrie, de même que nos porteurs d'eau se recrutent en Auvergne, et nos ramoneurs en Savoie. Il leur était expressément défendu, dit Martial, de figurer dans un convoi, dans la crainte de fâcheux présage. Aussi rappelle-t-il à un de ses amis « qu'il n'a pas le droit de se faire porter en terre par son octophore. »

Non debes ferri mortuus octophoro.

La litière était précédée de deux coureurs (*cursores*) africains, dont une tunique blanche, serrée autour des reins, et des plaques d'argent poli, passées autour du cou, faisaient mieux ressortir encore la couleur d'ébène.

Enfin, à l'arrière-garde marchaient des Liburniens chargés de tenir le populaire à distance. Leurs fonctions n'étaient pas sans analogie avec celles de nos sergents de ville, et, par suite, leur popularité était à l'unisson. Aussi entendaient-ils souvent des exclamations telles que celles-ci : « Au large! affreux Liburniens » (*procul! horridi Liburni*).

Cependant le cortége s'avance à travers les plus beaux quartiers. Notre héroïne, pour se rafraîchir les mains et aussi pour se donner une contenance, « roule entre ses doigts une boule de cristal de roche : »

Crystallus que suas ornat aquosa manus.

Par moments, elle la remplace par une boule d'ambre, « l'ambre, dit Martial, étant très en faveur près des jeunes mères de Rome : »

Latinis electra nuribus gestanda.

« Elle trouve de même un singulier plaisir à nouer autour de son cou un serpent glacé : »

Et gelidum collo nectit jucunda draconem.

Mais il me semble que cette dernière image donne le frisson à plus d'une de mes lectrices. Qu'elles se rassurent : ce serpent était apprivoisé[1], et d'ailleurs il appartenait à une espèce tout à fait inoffensive. Puis il n'y a pas si longtemps que nos Parisiennes, elles aussi, nouaient un serpent autour de leur cou. Il est vrai que ce serpent était en fourrure : on l'appelait « un boa. »

La femme qu'on voiturait de la sorte, servait nécessairement de point de mire aux regards des curieux. « Beaucoup, dit Catulle, portaient un voile noir sur leur gracieux visage : »

Formosam faciem nigro velamine celant.

---

1. Ces serpents, de l'espèce de ceux appelés « serpents d'Épidaure, » s'apprivoisaient très-facilement et devenaient les familiers de la maison. Ils se jouaient entre les coupes pendant les repas et glissaient, dit Sénèque, jusques dans le sein (*in sinu*) des convives.

D'autres préféraient le demi-voile, « afin, dit Tacite, que la partie de la figure qui se trouvait ainsi cachée, donnât plus le désir de voir le reste » (*ne velata parte oris, satiarent aspectum*).

Les courtisanes, comme toujours, se reconnaissaient à l'insolence et à l'excentricité de leurs allures. « Vous voyez, dit Apulée, quels regards effrontés elles lancent aux jeunes gens : » (*vidistis ipsi, quam improba juvenum circumspectatrix.*) Aussi la foule ne leur ménageait-elle pas leurs vérités. Martial était le fidèle interprète de ses sentiments lorsque, apostrophant l'une d'elles, il s'écriait : « Quelle honte ! (*quam turpe !*) Son protecteur lui donne une litière portée par huit Syriens, tandis qu'il laissera jeter tout nu dans une bière le corps de son ami : »

> Octo Syris suffulta datur lectica puellæ :
> Nudum sandapilæ pondus amicus erit.

Que dirait-il aujourd'hui s'il assistait à nos steeple-chases de Chantilly ou à nos revues du champ de Mars ? Ne se croirait-il pas encore dans sa bonne ville de Rome ?

Après les courtisanes, les parvenues étaient celles qui se faisaient le plus remarquer par leurs grands airs et leur luxe. C'est ce que Juvénal exprime avec tant d'énergie dans ce vers dont l'à-propos, non plus, n'a pas vieilli :

> Intolerabilius nihil est quam femina dives :
> *Rien n'est plus odieux qu'une femme enrichie.*

X

ROMANS ET BIBLIOTHÈQUE.

Romans à la mode; fables milésiennes; Aristippe créateur du
genre; une reliure d'après Ovide; auteurs exploités par les éditeurs; Martial victime du sien; mites et vers ennemis des
livres; épiciers plus ennemis encore; à quels usages ils les
faisaient servir; charmante requête de Martial; classement
des livres dans les bibliothèques; rayons simulés; une attrape
à Pompéia; cosmétiques au lieu de livres; Darius vengé.

Notre héroïne est de retour de sa promenade.
Grâce à la parfaite convenance de son maintien, elle
n'a été l'objet d'aucune manifestation désobligeante.
Maintenant que la voilà seule, elle va s'étendre sur
le canapé de sa biblothèque, et, pour chasser
l'ennui, reprendre la lecture des *Fables milésiennes*,
le roman à la mode.

Les romans formaient déjà le passe-temps habituel de la vie de salon. Celui que nous venons de
nommer était une sorte de recueil de contes orientaux qui, par la variété et le piquant des sujets, offrait quelque analogie avec nos *Mille et une Nuits*.
Aristippe en était l'auteur; on peut même le regar-
der comme le créateur du genre. Du reste Milet, sa
ville natale, où les principales scènes étaient censées
se passer, avait alors le privilége d'approvisionner
les harems des satrapes comme, actuellement, la
Géorgie et la Circassie ont le privilége d'approvisionner les harems des sultans.

Le volume que notre héroïne tient à la main a une reliure irréprochable. Ovide, non plus le poëte adulé de la cour d'Auguste, mais l'Ovide de l'exil et du pays des Sarmates, va nous donner une idée du luxe qu'on y apportait en nous disant précisément comment il ne veut plus que soient désormais les livres qu'il envoie à Rome.

« Pars, s'écrie-t-il en s'adressant à son dernier ouvrage, pars, mais sans ornements, comme il convient au fils d'un proscrit : »

Vade sed incultus, qualem decet exulis esse,

« Que la garance ne farde plus ta couverture de sa teinture pourprée; que le vermillon ne fasse plus reluire ton titre, ni l'huile de cèdre tes feuillets; et que la pierre ponce ne polisse plus ta double surface : »

Nec te purpureo velent vaccinia succo;
Non titulus minio, nec cedro charta notetur;
Nec fragili geminæ polientur pumice frontes.

Voilà un volume qui ressemble singulièrement aux nôtres. Un autre point de ressemblance, hélas ! non moins parfait, c'est que déjà les produits de la vente profitaient bien plus aux éditeurs qu'aux auteurs. Écoutons Martial :

« La collection complète de mes œuvres vous coûtera, dit-il, quatre écus. »

Constabit nummos quatuor tibi turba libelli.

« Quatre! c'est trop. — Peut-être alors l'aurez-

vous pour deux et mon libraire Tryphon trouvera
encore moyen d'y gagner : »

> Quatuor! est nimium. — Poterit constare duobus,
> Et faciet lucrum bibliopola Tryphon.

Puis il ajoute d'un ton assez piteux : « Quant à
ma part, elle sera autant dire nulle : »

> Non dabit illa lucrum. . . .

L'huile de cèdre, dont nous avons parlé plus haut,
devait constituer un excellent mode de conservation des livres, puisqu'au dire de Pline, son efficacité contre les vers et les mites était telle que, grâce
à son emploi, on retrouva intacts, après 625 ans, les
manuscrits de Numa Pompilius.

Mais les livres avaient des ennemis plus redoutables
encore que les mites et les vers : c'étaient les épiciers. Comprend-on que déjà ceux-ci les fissent servir
aux usages les plus vulgaires de leur commerce?
Martial a recours, pour nous l'apprendre, à cette
charmante boutade : « Dans la crainte que les thons
ne manquent d'enveloppes et les olives de cornets,
souffrez, ô muses égyptiennes, que je brouille encore cette dernière page : »

> Ne toga cordylis, ne prenula desit olivis,
> Perdite, Niliaces musæ, mea damna, papyros.

Pour oser dire de ces choses-là, il faut être bien
sûr qu'on ne sera pas pris au mot.

Les livres étaient symétriquement rangés dans
de grands buffets de cèdre appelés *armoria* (nous en
avons fait « armoires »). Leur format correspondait

à notre in-octavo. Ils offraient peu d'épaisseur, chaque division de l'ouvrage représentant un volume. « J'ai composé, dit Ovide, six chapitres des Fastes et six autres encore : ce qui fait un volume pour chaque mois de l'année : »

> Sex ego Fastorum scripsi totidem que libellos;
> Cumque suo finem mense volumen habet.

Il était d'autant plus facile de se reconnaître dans ces bibliothèques, que chaque catégorie d'écrivains occupait une section à part. « C'étaient, dit Martial, autant de groupes parmi lesquels on retrouvait de suite l'auteur que l'on cherchait : »

> Scriptis partibus hinc et inde totis
> Omnes ut cito perlegas poetas.

Seulement prenez garde aux attrapes. « Vous verrez souvent des intitulés d'ouvrages là où le rayon est vide. » (*nomina sæpe; inanes nidi.*) C'est que déjà on connaissait l'espèce de trompe-l'œil qui consiste à simuler des rangées de livres en en figurant simplement le dos sur les boiseries.

Mais cette ruse n'était rien auprès de celle dont il nous reste à parler.

On était en train de déblayer l'une des plus riches habitations de Pompeï, lorsque la pioche mit à nu un magnifique coffret d'argent qu'on jugea de suite, à sa forme, devoir être une bibliothèque de voyage; il représentait un polygone surmonté des neuf Muses traditionnelles. Une serrure le fermait hermétiquement. Son parfait état de conservation non moins que la splendeur de ses ciselures firent naître

l'espoir qu'il renfermait quelque trésor littéraire.
Aussi l'ouvrit-on avec les plus grandes précautions.
O stupeur! Au lieu de livres, toute une collection de
petits pots pleins de fard.

Quinte-Curce raconte qu'Alexandre, après la bataille d'Arbelles, ayant trouvé dans les dépouilles de
Darius une cassette remplie de parfums, y fit placer
les œuvres d'Homère, donnant ainsi au vaincu une
leçon que l'histoire n'a eu garde d'oublier. Et voilà
que, trois siècles plus tard, une élégante de Rome
transforme au contraire une bibliothèque véritable
en une boîte à cosmétiques! Darius était vengé.

XI

RUSES ÉPISTOLAIRES.

Encre, papier, plumes; cachet gravé; cire à cacheter; soubrette
chargée d'une missive; où elle la cache; épaules servant de
tablettes; lait et charbon; encre sympathique; comment on
empêche une lettre de devenir compromettante.

Notre héroïne paraît prendre un médiocre plaisir
à la lecture des Fables d'Aristipe, qu'elle trouve un
peu écrites pour les enfants. Le *Miroir à Laïs* et les
Amours d'Anthias et d'Habrocome du même auteur
l'avaient plus intéressée : aussi, au bout d'un instant,
dépose-t-elle le volume sur un guéridon (*monopo-
dium*). D'ailleurs, elle a quelques lettres en retard
auxquelles il lui faut répondre.

Les Romaines connaissaient tous les ustensiles
qui nous servent habituellement à écrire. Écoutez

Alphéna se plaindre, dans Perse, de « ce qu'une encre trop épaisse se fige au bout de sa plume : »

Queritur crassus calamo quod pendeat humor.

« Son papier boit (*charta bibit*). Que pourra-t-elle faire avec une plume si détestable » (*an tali studeam calamo*)?

Elles cachetaient aussi leurs lettres avec une pierre artistement gravée à leur nom, ou figurant quelque emblème, sans oublier non plus de la mouiller « pour qu'elle n'adhérât pas à la cire : »

Neve tenax ceram siccave gemma trahat.

Enfin elles étaient de première force sur ce qu'on peut appeler les « Ruses épistolaires. » Ainsi la soubrette chargée de porter furtivement la missive de sa maîtresse, la cachera « sous son corsage » (*in sinu*), « dans son brodequin » (*in sura*), ou « sous la plante de ses pieds » (*sub vincto pede*). Au besoin même « elle offrira ses épaules en guise de tablettes, et deviendra de la sorte une lettre vivante : »

. . . . Pro charta conscia tergum
Præbeat, inque suo corpore verba ferat.

Mais comment éviter que la peau noircie par l'écriture ne trahisse les caractères? Rien de plus simple. « Les lettres tracées avec du lait qu'on vient de traire tromperont facilement les yeux; puis un peu de charbon pulvérisé suffira pour les rendre visibles : »

Tuta quoque est fallitque oculos e lacte recenti
Littera; carbonis pulvere tange, leges.

Voilà, je l'avoue, une manière de faire son courrier dont je n'avais pas la moindre idée. Ovide parle bien encore de diverses encres sympathiques; d'une, entre autres, qu'on retirait du « lin vert » (*humiduli lini*), « laquelle ne laissait pas de traces sur le papier : »

> Et favet occultas pura tabella notas.

Mais c'est infiniment moins original; d'ailleurs la chimie moderne a mieux que cela.

Le même poëte veut « qu'on s'accoutume de bonne heure à imiter plusieurs écritures : »

> Ducere consuescat multas manus una figuras.

Il veut aussi que, pour mieux donner le change, « on écrive *Elle* quand on veut dire *Il* : »

> *Illa* sit in vestris, qui fuit *Ille* notis.

Il veut surtout « qu'on efface d'abord avec le plus grand soin les anciens caractères, afin que la même tablette ne porte pas la trace de deux mains différentes : »

> Nec nisi deletis tutum rescribere ceris,
> Ne teneat geminas una tabella manus.

Toutefois le plus sûr, à son avis, c'est d'anéantir les lettres compromettantes. « Quelle perfidie, s'écrie-t-il, de conserver de pareils gages ! Ils forment une arme aussi terrible que les foudres de l'Etna : »

> Perfidus ille quidem qui talia pignora servat !
> Hæc tamen Ætnæi fulminis instar habet.

Sans doute; mais le post-scriptum sacramentel :

« Brûlez cette lettre, » a, de tous temps, été si peu observé qu'il équivaut presque à celui-ci : « Gardez-la précieusement. »

XII

MIGRAINE.

Porte condamnée ; mensonges de la servante ; migraine d'emprunt ; dépit d'Ovide.

Voilà plusieurs fois déjà qu'on a sonné à la porte d'entrée, et personne encore n'a pénétré chez notre héroïne. C'est qu'elle a donné des ordres pour qu'on ne reçût qui que ce soit.

Quand une Romaine voulait ainsi « condamner sa porte » (*janua surda*), elle avait recours à certains expédients qu'Ovide nous indique. Ainsi, par exemple, « une servante menteuse viendra vous dire d'un ton assuré : « Madame est sortie : »

> Forsitan et vultu mendax ancilla superbo
> Dixerit isse foras. . . .

Mais vous pourriez apprendre par une indiscrétion qu'elle est chez elle; aussi mieux vaut qu'elle feigne une migraine. Allons! s'écrie le poëte dans son dépit, « prétextez bien vite un mal de tête : »

> . . . . Capitis modo finge dolorem.

Et il ajoute : « Elle n'aura pas honte de couvrir d'une coiffe sa brillante chevelure : »

> . . . . Nec turpe putatur
> Palliolum nitidis imposuisse comis.

« Car, toutes les fois qu'il en est besoin, elle sait parfaitement faire la malade : »

Nam quoties opus est fallax ægrotat amica.

Cette malencontreuse migraine, Ovide l'avait prise en horreur. Ce sont sans cesse des exclamations dans le genre de celle-ci : « Ah ! que de mensonges elles font avec leurs prétendues douleurs de tête ! »

Ah ! quoties sani capitis mentita dolores !

Ceux qui accusent tous les jours la médecine de ne point avoir fait de progrès peuvent invoquer l'exemple de la migraine. Il est de fait que, contractée dans ces conditions-là, le paullinia-Fournier lui-même serait sûr d'échouer.

XIII

DU PAIN ET DES SPECTACLES.

Ce fut le dernier mot des basses classes ; ce devint le dernier
mot des classes élevées.

Du pain et des spectacles ! (*Panem et circences !*) Tel fut, sous Auguste, par le fait des énervements d'une longue paix, le dernier mot de la populace de Rome. Tel finit par être également, mais avec tous les raffinements de la frénésie du luxe, le dernier mot des classes élevées de la société. Est-il besoin d'ajouter qu'ici encore les femmes déployèrent toutes les ressources de leur esprit fécond en artifices ? Nous ne saurions mieux en juger qu'en accompagnant notre héroïne au dîner où elle se rend, puis au théâtre qui devra clore ses distractions de la journée.

XIV

DINER EN VILLE.

Arriver tard ; pourquoi on mangeait avec ses doigts ; serviettes apportées ; serviettes volées ; cure-dent ; chasse-mouches ; un menu ; champignons ; truffes ; pâté de foie gras ; cochon de lait à la broche ; hors d'œuvre ; salade ; coup du milieu ; une femme doit manger médiocrement ; elle peut boire davantage ; ivresse permise aux hommes ; orgies ; santés portées autant de fois qu'il y a de lettres dans un nom.

A Rome, comme à Paris, le principal repas avait lieu le soir, une fois les affaires terminées.

« Arrivez tard » (*sera veni*), dit Ovide ; « l'attente fait ressortir la beauté » (*maxima lena mora est*); d'ailleurs « la nuit jettera son voile sur vos imperfections : »

Et latebras vitiis nox dabit ipsa tuis.

Ovide établit ensuite que « manger est un art, » et, comme c'est un esprit éminemment pratique, il n'hésite pas à en esquisser les règles.

« Prenez, dit-il, vos aliments du bout des doigts » (*carpe cibum digitis*), ce qui est en opposition directe avec notre *Civilité puérile et honnête*. C'est qu'on n'avait pas encore inventé les fourchettes.

Vous expliquerez de même cette autre recommandation qui, sans cela, serait par trop banale : « Que votre main mal essuyée ne salisse pas votre bouche : »

> Ora nec immunda tota perunge manu.

Mais avec quoi l'essuiera-t-on? Tout simplement avec « une serviette » (*mappa*), car on en connaissait alors parfaitement l'usage. Seulement, au lieu que ce fût l'amphitryon qui la fournît, chaque convive apportait la sienne, absolument comme dans certaines noces de village les invités se munissent de leur couvert et de leur couteau. Ces serviettes, qu'on se plaisait quelquefois à échanger à titre de souvenir, devenaient fréquemment une occasion de vol. « Jamais, dit Martial, Hermogène n'apportait de serviette en venant dîner; pourtant Hermogène en remportait toujours une en s'en allant : »

> Ad cœnam Hermogenes mappam non attulit unquam;
> A cœna semper retulit Hermogenes.

Enfin, chacun devait également se précautionner d'un « cure-dent » (*dentiscalpium*), dont il était de bon goût, alors comme aujourd'hui, « de dissimuler l'emploi : »

> Nec coram dentes defricuisse probo.

Martial nous apprend que « le bois de lentisque servait à faire les meilleurs, mais qu'à son défaut, on pouvait très-bien se contenter d'un simple tuyau de plume : »

> Lentiscum melius; sed si tibi frondea cuspis
> Defuerit, dentes penna levare potest.

Bien entendu, notre satirique ne laissera point échapper une aussi bonne occasion de dévoiler quelque nouvelle ruse féminine. Ainsi, il remarque que les femmes qui affectent le plus de « se creuser » (*fodere*) les gencives avec le bois de lentisque, « sont celles qui n'ont plus de dents » (*nec habent dentes*).

La table une fois servie, des esclaves agitaient au-dessus des mets des éventails de plumes. « Ces plumes, dit Martial, à l'aide desquelles on les garantit des mouches importunes, faisaient partie de la queue du plus beau des oiseaux : »

> Lambere quæ turpes prohibet tua prandia muscas,
> Alitis eximiæ cauda superba fuit.

Ces éventails offraient encore l'avantage de donner du frais aux convives. Perse dit ironiquement d'un ambitieux « qu'il en a un à la main dès avant le jour pour caresser la multitude : »

> Ante diem blando caudam jactare popello.

Ce n'est point ici le lieu de donner le menu d'un dîner de l'époque. Un mot seulement sur quelques-uns des principaux mets.

Les dames romaines avaient en grande estime les champignons; elles les plaçaient même au-dessus des truffes. Martial fait dire à ces dernières : « Nous autres, truffes, qui déchirons le sein nourricier de la terre attendrie, nous sommes, après les champignons, les premiers de ses fruits : »

> Rumpimus altricem tenero quæ vertice terram
> Tubera, boletis poma secunda sumus.

Elles affectionnaient tout spécialement aussi « les pâtés de foie gras » (*turunda jecorea*). C'est que déjà on connaissait les procédés barbares qui rendent le nom de Strasbourg si cher aux gastronomes. « Voyez, remarque Martial, combien ce foie est plus gros que l'oie même la plus grosse : »

Aspice quam tumeat magno jecur ansere majus.

Il y avait cependant cette différence dans les méthodes, qu'on leur faisait avaler des figues au lieu de noix. « Ce foie, dit Horace, provient d'une oie blanche qu'on a gorgée de figues grasses : »

Pinguibus et ficis pastum jecur anseris albæ.

Enfin les Romaines étaient loin de dédaigner certain mets qu'on prise très-fort en Normandie ; ce mets, c'est le cochon de lait à la broche. Horace, un peu embarrassé pour le désigner noblement, emploie la singulière périphrase que voici : « Qu'on me serve, quand il tette encore, le tendre nourrisson d'une truie paresseuse : »

Lacte mero pastum pigræ mihi matris alumnum
Ponat. . . .

Les hors-d'œuvre étaient les mêmes qu'aujourd'hui. « On mangeait des olives pendant toute la durée du repas : »

Inchoat atque eadem finit oliva dapes.

« Mais il fallait qu'elles eussent subi le froid du Picenum : »

Et quæ Picenum senserunt frigus olivæ.

« Le thon et une sorte de sardine plus grosse que l'anchois : »

> Tunnusque et tenui major cordilla lacerto,

« relevés par un assaisonnement d'œufs hachés : »

> Divisis cybium latebit ovis,

s'employaient également pour tenir l'appétit en éveil. »

Enfin, on avait conservé la vieille coutume « de terminer le repas par une salade de laitue : »

> Claudere quæ cœnas lactuca solebat avorum.

N'oublions pas le « coup du milieu. » C'était un cordial assez analogue à l'absinthe ou plutôt au vermouth si en usage encore en Italie. « Quand, dit Martial, le palais est affadi par les douceurs, il n'est qu'un amer pour le réveiller : »

> Dulcia quum ferimur, succo renovamur amaro.

Rien, on le voit, ne manquait aux séductions. Toutefois la femme comme il faut devait savoir y mettre quelque réserve. « Mangez, dit Ovide, un peu moins que vous n'en auriez envie ou que vous ne pourriez le faire : »

> . . . . Desine citra
> Quam cupias, paulo, quam potes esse, minus.

Maxime excellente, qu'il fait suivre d'un exemple qui me paraît sans réplique : « Si le fils de Priam avait vu Hélène se jeter avidement sur les mets, il

l'eût prise en aversion et se fût dit : « Quel sot en-
« lèvement j'ai fait là ! »

> Priamides Helenen avide si spectet edentem,
> Oderit, et dicat : Stulta rapina mea est.

Notre poëte se montre de meilleure composition
à l'endroit des liquides. « Une jeune fille, selon lui,
peut décemment se permettre quelques excès dans
le boire : »

> Aptius est deceatque magis potare puellam.

« Qu'elle choisisse des vins où l'on a fait infuser
du nard et des roses : »

> Illam vina juvent nardo confusa rosisque ;

ou mieux « le vin de liqueur qu'on récolte dans
les environs de Marseille. » (Je présume que c'est le
vin muscat.)

> Fumea Massiliæ ponere vina potest.

« Car ce vin, non moins que les fumées de la
table, inspire une douce gaieté : »

> Aptior est dulci mensa merumque joco.

Ne trouvez-vous pas avec moi que cette douce
gaieté menait un peu loin, puisqu'elle semblait au-
toriser des privautés telles que celle-ci ? « Buvez,
disait Ovide, dans le verre de votre voisine du côté
qu'ont touché ses lèvres : »

> Pocula, quaque bibet femina parte, bibe.

Il est vrai que notre professeur daigne s'arrêter en

si beau chemin, et poser, comme correctif, ces limites assez peu sévères : « Ne buvez qu'autant que
votre tête le permettra; que votre raison et que
vos jambes restent solides ; ne voyez pas doubles les
objets simples : »

Hoc quoque quo poteris caput est; animusque pedesque
    Constent, nec quæ sunt singula, bina vide.

Quant aux hommes, le vin qui leur convient entre
tous, c'est le « généreux falerne de cent ans » (*falernum
opimum centum annorum*). Ils peuvent à la rigueur
se griser; mieux vaut cependant qu'ils feignent simplement l'ivresse, « afin que tout ce qu'ils feront ou
diront d'un peu libre, trouve son excuse dans de
trop fréquentes libations : »

    Ut quidquid faciant dicantve protervius æquo,
       Credatur nimium causa fuisse merum.

Tibulle, que nous nous figurons, bien à tort,
plongé toujours dans une atmosphère de soupirs, ne
veut même pas de ces moyens termes. « Je ne vois
aucun mal, s'écrie-t-il, à se noyer dans le vin les
jours de fête, et à diriger au hasard ses pas mal assurés : »

    . . . . Non festa luce madere
       Est rumor, errantes et male ferre pedes.

Si encore les femmes avaient eu la pudeur, comme
chez nos voisins les insulaires, de quitter la salle au
moment de ces orgies ! Mais non. Elles les encoura-
geaient, au contraire, par leurs excitations. « Vi-

dez, disaient-elles, autant de fois la coupe qu'il y a de lettres dans nos noms : »

Omnis ab infuso numeretur amica falerno.

Et, quand ils avaient fini, elles les relançaient de nouveau : « Allons! (*Euge*)! Portez de la même manière les santés des absentes : »

Nomen et absentis singula verba sonent.

Ovide va nous donner le mot de cette espèce d'énigme. « Il n'est point, dit-il, de femme laide pour des yeux troublés par le vin : »

Et si turpis eris, formosa videbere potis.

XV

LE THÉATRE.

On y va pour être vu ; un cavalier servant ; galanteries autorisées ; coussin ; éventail ; petit banc ; poussière enlevée ; les voisins surveillés ; actes blâmables ; télégraphie de la tête, des yeux, des doigts ; baisers échangés à distance ; mimique ; les dames romaines, l'abbé de l'Épée et Salomon ; fleurs parlantes ; envoi de couronnes ayant servi ; aveux significatifs ; théâtre, écueil de la pudeur.

Les femmes « vont au théâtre pour voir ; elles y vont surtout pour être vues : »

Spectatum veniunt, veniunt spectentur ut ipsæ.

C'est Ovide qui a dit cela et, très-probablement,

il ne l'a pas dit le premier. Or, que de fois on l'a répété depuis lui !

Elles y arrivent dans tous leurs atours (*cultissimæ*). Une pièce est-elle en vogue, leur empressement à s'y rendre rappelle celui des fourmis qui rapportent leur butin au logis, ou des abeilles qui vont chercher le leur dans les champs.

Le même poëte veut que chaque femme soit accompagnée de son cavalier servant (*eques*), « lequel lui frayera un passage à travers la foule : »

Ipse fac in turba, qua venit illa, locum.

Avant qu'elle ne s'assoie, « sa main prévoyante disposera le coussin de son siége : »

Pulvinum facili composuitque manu.

Une fois assise, « il agitera l'air autour d'elle avec un léger éventail[1], et placera un petit banc sous ses pieds délicats : »

Profuit et tenui ventum movisse tabella,
Et cava sub tenerem scamna dedisse pedem.

J'avoue que je ne m'attendais pas à rencontrer là le fameux petit banc de nos ouvreuses.

Surtout, continue Ovide, « veillez aux specta-

---

1. Cet éventail, nous l'avons déjà dit, était une sorte de tissage de plumes de paon très-artistement ajustées. « Cynthie, s'écrie Properce, veut que je lui donne un éventail fait de la queue d'un paon magnifique : »

Et modo pavonis caudæ flabella superbæ.

leurs situés derrière elle, de peur qu'avec leurs genoux ils ne lui meurtrissent les épaules : »

> Respice præterea post vos quicumque sedebit,
>   Ne premat opposito mollia terga genu.

« Si, par un hasard assez commun, quelque grain de poussière vient à voler sur sa robe, enlevez-le d'un doigt léger : »

> Utque fit, in vestem pulvis si forte puellæ
>   Deciderit, digitis excutiendus erit.

« Si même il n'y a rien, qu'importe ! Ce rien enlevez-le toujours : »

> Et si nullus erit pulvis, tamen excute nullum.

De pareilles prévenances, sauf peut-être la dernière, ne s'écartent aucunement des règles de la pure galanterie. Que penser au contraire de certaines manœuvres télégraphiques que les femmes se permettaient pendant le spectacle? « Je vous ai vues, dit Ovide, parler par le froncement de vos sourcils; vos signes de têtes étaient presque des paroles : »

> Multa supercilio vidi vibrante loquentes;
>   Nutibus in vestris pars bona vocis erat.

« Vos yeux non plus n'étaient pas silencieux » (*non oculi tacuere tui*). « Un regard muet a souvent toute l'éloquence de la voix : »

> Sæpe tacens vocem verbaque vultus habet.

« Il n'est pas jusqu'à vos doigts qui, par leurs mouvements, n'aient exprimé des lettres : »

> Scripta nec in digitis littera nulla fuit.

« Ils exprimaient même des baisers ! » (*oscula significant*). Apulée nous apprend qu'au lieu de recourir au procédé vulgaire de deux doigts appliqués sur les lèvres, « on appuyait d'une manière significative le pouce sur l'index » (*priore digito in pollicem residente*), en regardant fixement la personne, qui n'avait pas besoin d'autre explication.

Une simple question. Est-ce que par hasard ce seraient les dames romaines qui auraient ainsi donné à l'abbé de l'Épée l'idée première de la mimique dont il a doté les sourds-muets ? J'oubliais que, bien avant qu'il ne fût question d'elles, Salomon avait signalé tous ces artifices dans ses PROVERBES : *Annuit oculis, terit pede, digito loquitur*, comme étant déjà d'une pratique usuelle.

Mais ce n'est pas tout. Telle fleur, tenue à la main ou disposée dans les cheveux d'une certaine manière, avait de même sa signification et son langage. Ainsi, le narcisse voulait dire : je vous aime; le lotos : soyez discret; le myosotis : ne m'oubliez pas; la fougère : vous n'êtes pas sincère; l'hortensia : je vous trouve indifférent; l'euphorbe : vous me trahissez; le tournesol : j'ai une rivale; le jasmin : craignez ma vengeance; la menthe poivrée : la colère me suffoque; le lis : soyez-moi fidèle; le pavot : j'ai tout pardonné.

La réunion de plusieurs fleurs formant une couronne équivalait à toute une épitre hiéroglyphique qui, pour être comprise, ne manquait pas de Champollions. Cette couronne s'appelait *calathiscus*. En faire don à quelqu'un, après l'avoir portée, était le plus

significatif des aveux. Aussi Martial écrit-il à Polla :
« Pourquoi m'envoies-tu des couronnes intactes ? Je
préfère les roses que tu as fanées toi-même : »

> Intactas quare mittis mihi, Polla, coronas ?
> A te vexatas malo tenere rosas.

Ainsi donc le principal spectacle se passait moins
sur la scène que dans la salle.

Les choses allèrent si loin qu'Ovide, Ovide lui-
même, finit par en être scandalisé. Il s'écrie :

> *Le théâtre est l'écueil de la chaste pudeur.*
> Ille locus casti damna pudoris habet.

XVI

LE COUCHER.

Lit d'une Romaine ; de quoi il se composait ; perroquet donnant
le signal du départ ; bonne nuit, bon sommeil.

Le spectacle vient de finir. Notre héroïne est de
retour chez elle ; la voilà même dans sa chambre à
coucher, qui se dispose à se mettre au lit. Du reste,
tout est prêt, les suivantes ayant eu soin de « faire
sa couverture » (*parata stragula*).

Ne soyez pas surpris de nous voir nous servir d'un
terme aussi moderne. En quoi les lits de Rome
différaient-ils de ce que sont les nôtres à Paris ?
Il y avait de même la couche en bois sculpté (*torus
adornatus*), le sommier (*culcita*), supporté par des
sangles (*restes*), les draps (*pallia*), le traversin (*cu-*

bitale), l'oreiller (*cervicale*), puis enfin la couverture. « Celle-ci, dit Martial, était couleur de pourpre, et de brillantes fourrures la garnissaient : »

Stragula purpureis lucent villosa tapetis.

Quant à l'oreiller, sa teinte blanche faisait qu'il avait l'inconvénient de se salir (*nigrescere*); en revanche, ajoute Martial, « si vous vous oignez la tête de feuilles de nard, il en restera tout parfumé, et, lors même que vos cheveux en auront perdu l'odeur, sa plume la conservera : »

Tinge caput nardi folio, cervical olebit;
　Perdidit unguentum quum coma, pluma tenet.

Remarquons le mot « plume. » Nos tapissiers, à cet égard encore, n'ont donc rien innové.

Enfin, il y avait la table de nuit (*tabula*) avec son mobilier de rigueur (*vas nocturnum*).

Mais voici notre héroïne qui commence à dégrafer sa robe. Retirons-nous; les convenances l'exigent. Aussi bien le perroquet avec lequel nous avons déjà fait connaissance semble nous y convier, car, par un de ces hasards que nous serions tenté de prendre pour un avertissement, il vient de faire ses adieux à sa maîtresse, en lui répétant d'un ton endormi : « *Carpe, carpe somnos!* » Bonne nuit! Bon sommeil!

TROISIÈME PARTIE.

UNE SOIRÉE CHEZ NOTRE ROMAINE.

Nous voilà suffisamment renseignés sur la toilette et les artifices de notre Romaine. Le dirai-je? Je ne suis pas sans me sentir quelques scrupules à son sujet. Il me semble qu'en épiant ainsi les moindres actes, les moindres gestes de sa vie intime, nous l'avons jugée un peu sévèrement, lui prêtant des faiblesses, peut-être même des travers qui étaient bien de son époque, mais dont elle avait pu en grande partie s'affranchir. Mettons donc de côté l'espèce de sellette où nous l'avons fait asseoir, et suivons-la dans le salon où elle va recevoir l'élite de la société de Rome.

I

ANNIVERSAIRE DE SA NAISSANCE.

C'était une fête de famille; usage de donner une soirée;
lettres d'invitation; clepsydre; carrosses; piétons.

C'est précisément aujourd'hui l'anniversaire de sa naissance; rien, en tout cas, ne nous empêche de le supposer. Or, le jour natal (*natalis*), comme on l'appelait, était une de ces fêtes de famille destinées à resserrer, par des démonstrations plus affectueuses et plus intimes, ces liens qui font l'agrément et le charme des relations de la vie sociale.

Il était même d'usage que celle dont on célébrait ainsi la naissance en profitât pour donner « une soirée; » et, à ce propos, notre héroïne enverra à ses amis et à ses connaissances de nombreuses lettres d'invitation. On voudra bien admettre que nous avons réussi, comme tant d'autres, à nous en faire adresser une (*per litteras admonitus*). Nous serons d'autant plus empressé de nous rendre à cette soirée que ce sera pour nous une excellente occasion de compléter nos remarques sur ce qu'étaient les dames romaines au temps d'Auguste.

Mais déjà le niveau de la clepsydre[1] indique qu'il se fait tard. De longues files d'équipages (*carruca*, d'où le mot carrosse) commencent à prendre la direction de son hôtel, et nous avons grand intérêt à arriver des premiers. Suivons donc, pour éviter la foule, le conseil d'Ovide. « Au lieu, dit-il, de vous fier à une voiture, faites la route à pied : »

> Ne rota defuerit, tunc pede carpe viam.

---

1. On appelait clepsydre, ou « horloge à eau, » un grand vase de cristal divisé sur toute sa longueur en un certain nombre de lignes (*spatia*), comme le cadran d'une pendule. Ce vase était rempli d'eau. A mesure que celle-ci s'écoulait, son niveau, baissant dans la même proportion, atteignait l'une après l'autre les lignes tracées et marquait ainsi les heures.

II

SON HOTEL.

Illumination de la façade; le concierge; sonnette et cordon; lanternes dans l'escalier; vestiaire; on y dépose ses pardessus; jetons d'ivoire en échange; huissier chargé d'annoncer; maîtresse de la maison; où elle se tient; pourquoi elle s'entoure de femmes vieilles et laides.

L'hôtel qu'habite notre héroïne est situé, non loin de la voie Sacrée, dans l'un des plus beaux quartiers de la ville. Il se reconnaît facilement à la splendide illumination de sa façade. « C'est à croire, dit Properce, que la maison tout entière est en feu : »

Luxerit et tota flamma secunda domo.

Il se reconnaît de même « au bruit et à l'animation qui règnent dans les diverses rues qui l'avoisinent : »

Publica vicinæ perstrepat aura viæ.

La porte en est ouverte à deux battants (*portæ bipatentes*) : inutile, par conséquent, d'agiter la sonnette pour avertir le concierge de tirer le cordon (*ducere funem*). A l'entrée et sur les marches de l'escalier, « sont disposées des lanternes[1], bordées de vio-

---

1. Ces lanternes étaient faites en corne ou en vessie. Martial fait dire à l'une de ces dernières : « Pour n'être pas de corne, en suis-je plus obscure? Le passant soupçonne-t-il que je ne suis qu'une vessie? »

    Cornu si non sum, numquid sum fuscior? Aut me
      Vesicam, contra qui venit, esse putet?

Nous disons encore aujourd'hui, toujours d'après les Romains, « prendre des vessies pour des lanternes. »

lettes, qui vomissent dans l'air des nuages étince-
lants : »

> Dispositæ pinguem nebulum vomuere lucernæ,
> Portantes violas. . . .

Nous voici dans le vestiaire (*atrium*). Les hommes
y déposent leurs manteaux et les femmes leurs pe-
lisses, en échange de jetons d'ivoire (*chartæ ebur-
neæ*) sur lesquels sont inscrits des numéros. Puis
l'huissier (*nomenclator*) vous adresse cette question :
Quis tu ? en d'autres termes : « Qui aurai-je l'honneur d'annoncer? » Votre nom donné, il le répète à
haute voix, et alors vous vous dirigez du côté de la
maîtresse du logis. Celle-ci ne se tient pas dans le
premier compartiment (*peristylum*), mais dans une
espèce de boudoir (*œcus*) situé plus loin, où elle réu-
nit de préférence les personnes de son intimité.
Seulement pourquoi ces personnes sont-elles d'un
certain âge? Pourquoi surtout leur physique laisse-
t-il tant à désirer? Voici le motif qu'en donne Martial.
« Fabulla, s'écrie-t-il, tu n'as pour amies que de
vieilles femmes ou des femmes laides, plus horribles
encore que les vieilles; c'est un moyen de paraître
toujours belle, toujours jeune : »

> Omnes aut vetulas habes amicas,
> Aut turpes vetulisque fœdiores :
> Sic formosa, Fabulla, sic puella es.

La recette est ingénieuse. Mais n'écoutons pas
cette mauvaise langue de Martial, et profitons de ce
que la maîtresse de la maison ne peut nous apercevoir pour jeter tout d'abord un coup d'œil sur l'en-

semble de la fête. Nous pourrons d'autant mieux voir et nous orienter, qu'étranger à Rome, nous serons nous-même moins en évidence.

III

COUP D'ŒIL SUR LA FÊTE.

Bougies; lustres; un élégant; les jeunes coquettes; couronnes et guirlandes; avoir coiffé sainte Catherine; pas de femmes laides aux lumières; grands principes de toilette; robes décolletées; robes montantes; gants; mitaines; mouchoir.

Nous ne dirons rien de la richesse du mobilier, du luxe des tentures, non plus que des milliers de « bougies[1] qui répandent les flots de leur lumière nocturne : »

Hic tibi nocturnos præstabit cereus ignes.

Nous ne parlerons pas davantage de ces foyers de cristal (*crystalla*), appendus au plafond, et qui, « bien que garnis de plusieurs becs, ne forment pourtant qu'un seul lustre : »

Totque gerens myxos, una lucerna tamen.

Non. Tout notre intérêt sera pour l'assistance. Et

---

1. C'était bien des bougies (*cerei*), et non des chandelles (*candelæ*), ce dernier genre d'éclairage n'étant employé que par les gens du commun. « Le sort, dit Martial, vous a donné cette humble servante de la lampe, pour qu'elle dirigeât dans les ténèbres vos pas mal assurés : »

Ancillam tibi sors dedit lucernæ,
Tutas quæ vigil exigit tenebras.

d'abord remarquons combien est fidèle le portrait, tracé par Martial, d'un élégant de l'époque : « Chevelure brillante ; parfums à profusion ; habit de pourpre ; air langoureux ; poitrine en avant ; jambes épilées : »

> Crine nitens, niger unguento, perlucidus ostro,
> Ore tener, latus pectore, crure glaber.

Tel est, en effet, le signalement de tous ceux que nous apercevons. Bien peu semblent s'être souvenus de cette défense d'Ovide « de se friser les cheveux avec le fer [1] ou de se lisser la peau avec de la pierre ponce : »

> Sed tibi nec ferro placeat torquere capillos,
> Nec tua mordaci pumice crura teras.

« Contentez-vous, leur disait-il, d'aimer la propreté et d'avoir des ongles bien nets : »

> Munditiæ placeant et sint sine sordibus ungues.

« Qu'une main savante coupe vos cheveux, coupe votre barbe : »

> Sit coma, sit docta barba resecta manu.

« Et que vos habits soient bien faits et exempts de taches : »

> Sit bene conveniens et sine tabe toga.

---

1. Les cheveux une fois frisés, il fallait bien prendre garde d'en déranger l'économie. De là le proverbe : « Se gratter la tête du bout du doigt. » (*Uno digito caput scalpere.*)

« Quant au reste, abandonnez-le aux jeunes coquettes : »

> Cætera lascivæ faciant, concede, puellæ.

Les jeunes coquettes! Mais, remarque Ovide, est-
il une femme, quel que soit son âge, qui ne le soit
plus ou moins ? Quant à celles que nous apercevons
chez notre Romaine, nous pouvons dire de toutes,
avec Tibulle, que « des essences précieuses embau-
ment leur chevelure et que de molles guirlandes
couvrent leurs têtes et leurs épaules : »

> Illarum e nitido stillant unguenta capillo,
>   E capite et collo mollia serta gerunt.

Remarquons, toutefois, que ce sont surtout les
jeunes dont « le front est paré d'une couronne de
fleurs et de feuillage : »

> His varii flores et frons redimita corymbis.

Cela s'explique. Ce genre de coiffure n'était plus
de mise pour celles qui, comme nous dirions aujour-
d'hui « avaient déjà coiffé sainte Catherine. »
Mais laissons à d'autres ces remarques toujours
plus ou moins désobligeantes, et notons au contraire
que, dans tout ce personnel féminin, bon nombre
sont d'une beauté remarquable. Je sais bien qu'Ovide
veut « qu'on se défie de la clarté trompeuse des flam-
beaux, car, à cette heure, il n'est pas de femme laide : »

> Hic tu fallaci nimium ne crede lucernæ ;
>   Horaque formosam quamlibet illa facit.

« C'est en plein jour, ajoute-t-il, qu'on juge les

pierres précieuses et les étoffes de pourpre ; c'est en plein jour aussi qu'on doit juger le visage et les autres agréments extérieurs : »

> Consule de gemmis, de tincta murice lana ;
> Consule de facie corporibusque diem.

D'ailleurs « rien ne trompe comme la toilette ; l'or et les pierreries cachent tout ; ce qu'il y a le moins chez la jeune fille, c'est elle : »

> Auferimur cultu ; gemmis auroque teguntur
> Omnia ; pars minima est ipsa puella sui.

Je conviens volontiers de tout cela. Seulement est-ce bien à Ovide de chercher ainsi à nous inspirer de la défiance, alors que, presque au même moment, il fait à « ses élèves » les recommandations que voici :

« Êtes-vous par trop minces, portez des étoffes très-bouffantes et qu'une pelisse un peu ample vous tombe depuis les épaules : »

> Quæ nimium gracilis pleno velamina filo
> Sumat, et ex humeris laxus amictus eat.

Êtes-vous par trop grasse (*mammosa*, qu'on a traduit assez plaisamment par « mammifère »), « ayez un corset qui comprime l'exagération des contours : »

> Inflatum circa fascia pectus eat

« Le blanc convient aux brunes : »

> Alba decent fuscas. . . .

« Le noir aux blanches : »

> Pulla decent niveas. . . .

« Le noir embellissait Briséis; telle était la couleur de sa robe quand elle fut enlevée : »

> . . . . Briseida pulla decebant;
> Quum rapta est, pulla tum quoque vestis erat.

Voilà un dernier détail qui avait échappé à Homère et dont, bien entendu, je laisse à Ovide toute la responsabilité.

Enfin, reprend le poëte, dont la verve est inépuisable, pour peu que vous soyez petite, évitez de vous montrer debout ni même assise; « mieux vaut rester étendue sur un canapé : »

> Hic opus est pictis accubuisse toris.

« Et, de peur qu'on ne mesure votre taille dans cette attitude, cachez vos pieds en ramenant votre robe jusque sous vos talons : »

> Hic quoque, ne possit fieri mensura cubantis,
> Injecta lateant fac tibi veste pedes.

— Puisque nous voilà sur le chapitre des robes, il est encore un point que nous ne saurions omettre, car, bien qu'arrivé le dernier, il est loin de l'être par ordre d'importance.

Les dames romaines connaissaient-elles la distinction des robes montantes et des robes décolletées? Le passage suivant d'Ovide me semble ne laisser place à aucune équivoque : « Toute personne, dit-il, qui a la peau belle, doit faire voir ses épaules à découvert; ne l'oubliez pas, ô vous qui avez la blancheur de la neige ! »

> Cui color est humero sæpe patente cubet;
> Hoc vos præcipue, niveæ, decet ! . . .

Ce passage se trouve d'ailleurs confirmé par cet autre : « Elles vous offriront elles-mêmes leurs épaules à contempler : »

> Quod spectes humeris afferet illa suis.

Ovide, disons-le à sa louange, éprouve à ce propos des scrupules dont nous voudrions le voir d'ordinaire un peu moins sobre, car il ajoute : « Il est certains détails que la bienséance exige que l'on cache sous un fichu[1] : »

> Parsque sub injecta veste pudenda latet.

Il est vrai que, comme s'il était effrayé lui-même de cet excès de pruderie, il leur glisse à l'oreille : « Votre intérêt exige que beaucoup de choses soient simplement devinées : »

> Aptius in vestro corpore multa latent.

Mais peu importe le motif. Le précepte est excellent; nous pourrions même en faire un « Avis à nos lectrices ! »

— Et les gants? C'est encore là une question qui,

---

1. Ils étaient d'un tissu si léger et si mince qu'on les appelait des « brouillards » (*nubes*). Euripide, dans la description qu'il donne du manteau dont Iphigénie se couvrit le visage avant d'être sacrifiée, dit « qu'il était si clair qu'elle pouvait voir au travers tout ce qui se passait. »

malgré les graves débats auxquels elle a donné lieu,
me paraît jugée. Nul doute que leur usage ne fût
connu à Rome. Il l'était bien à Ithaque, lors du siége
de Troie! Ainsi, on lit dans Homère que quand
Ulysse, après avoir immolé les prétendants, alla
trouver Laërte, son vénérable père, à sa maison de
campagne, il le trouva « sarclant la terre autour
d'une jeune plante, les mains munies de *gants* en
peau de chevreau. »

L'art avait dû nécessairement faire bien des progrès depuis cette époque. Cependant il n'y avait point
à Rome ce qu'on pourrait appeler de « gants d'étiquette; » puis en mettait qui voulait. Ainsi, parmi les
femmes qui assistent, comme nous, à la soirée, les
unes en portent d'entiers (*digitales*) : ce sont celles
dont la peau gagnerait peu à être vue. D'autres se
contentent de simples mitaines (*manicæ*) : celles-là
n'ont réellement que les doigts de bien faits. Enfin il
en est qui n'ont mis ni mitaines ni gants : c'est qu'alors,
soyez-en sûr, leur main tout entière est irréprochable.

Qu'on me permette, à ce propos, une simple remarque. Nos Parisiennes, elles aussi, portent des gants;
seulement elles les mettent en toute circonstance :
on pourrait même dire qu'elles ne les quittent jamais. Or, les Romaines me paraissent avoir été beaucoup mieux inspirées. Car enfin, c'est beaucoup
moins votre main que vous nous faites ainsi admirer,
que le gant-Joséphine qui en dessine si gracieusement la forme. Pourquoi ne pas ôter ce gant quelquefois afin que nous puissions mieux en juger, et
applaudir également à la blancheur aristocratique

de votre peau ? Prenez-y garde. Trop de mystère pourrait prêter à la défiance et il n'y a pas loin de la défiance à de malicieuses suppositions.

Quoi qu'il en soit, les invitées de notre héroïne, qu'elles aient des gants ou qu'elles n'en aient pas, ne manquent jamais de tenir leur mouchoir à la main, afin qu'on puisse mieux juger, à la finesse du tissu et à la délicatesse des ornements, qu'il vient bien réellement de Sétabes (*sudarium setabum*).

IV

TROP DE PARFUMS.

Eaux de senteur ; cassolettes ; fleurs artificielles rendues odorantes ; hommes aussi parfumés que les femmes ; une victime des odeurs ; se défier des gens qui sentent trop bon ; épigrammes de Martial et de Plaute.

L'air qu'on respire chez notre héroïne est imprégné ou plutôt est saturé des parfums les plus pénétrants. Dans chaque pièce sont disposées des fontaines d'où jaillissent des eaux de senteur ; dans chaque pièce aussi brûlent des cassolettes où l'Orient, « ce pays des aromates, » comme l'appelle Strabon, semble avoir versé tous ses produits. Il n'est pas jusqu'au feuillage artificiel dont la plupart des invitées ont paré leur tête, qui n'exhale l'odeur de la plante ou de la fleur qu'il représente. Le nard et le lotos mariaient, dit Pline, leur arôme si heureusement (*tam suaviter*) que vous auriez pu croire qu'on les avait cueillis, le matin même, sur les bords du Gange et de l'Indus. Mais les odeurs les plus en vogue étaient celles qu'on retirait de la violette de Parme et des roses de Pœstum [1].

Cet art de donner aux fleurs artificielles leur parfum naturel est aujourd'hui, je crois, complétement perdu, non-seulement en Italie, mais ailleurs.

Les hommes poussaient l'abus des odeurs aussi loin que les femmes. Martial dit à l'un d'eux : « Tu exhales le baume, tu exhales le cinnamome par tous les pores : »

> Balsama tu semper, cinnama semper oles.

Tel était probablement le cas de cet infortuné Plancius Plancus. Proscrit par les triumvirs, il fut trahi dans sa retraite par l'odeur des parfums qu'il portait sur lui, et mourut ainsi victime de sa passion pour les cosmétiques.

Tout le monde connaît cette piquante épigramme de Martial : « Une chose m'est très-suspecte, ô Posthume, c'est que tu sentes toujours si bon ; celui-là ne sent pas bon naturellement qui sent toujours trop bon : »

> Hoc mihi suspectum est quod oles bene, Posthume, semper;
> Posthume, non bene olet, qui bene semper olet.

---

1. Pœstum n'est plus aujourd'hui qu'un affreux désert qu'on ne visite qu'à cause de ses temples, et où ne croît plus un seul rosier. Parme, au contraire, à continué d'être la terre bien-aimée des violettes, celles d'aucune autre contrée n'offrant la même suavité d'arôme ! Aussi est-ce à Parme que s'approvisionnent encore les principaux parfumeurs d'Italie, et que M. Ed. Pinaud à établi l'usine où se préparent les délicieuses odeurs qui constituent le cachet spécial de sa maison.

Dans la comédie des *Revenants* de Plaute, se trouve une plaisanterie du même genre, adressée à un des personnages de la pièce. « Que sens-tu? Je ne puis le dire. Tout ce que je sais, c'est que tu sens bien mauvais : »

> Quid oleas? Nescio : nisi unum
> Ut male oleas intelligo.

Martial ne se montre pas plus indulgent pour la pauvre Gellia : « Partout où tu vas, lui dit-il, on dirait que la boutique de Cosmus t'accompagne; tu sais sans doute que mon chien pourrait embaumer tout comme toi : »

> Quod quacumque venis Cosmum migrare putamus;
> Scis, puto, posse meum sic bene olere canem.

L'épigramme, du reste, me paraît assez médiocre. Puis comment concilier ces critiques si peu mesurées avec certains aveux qui échappent au même poëte un peu plus loin? « Ce qui me plaît à moi, dit-il, ce sont les baumes; voilà les parfums dignes d'un homme. Vous autres femmes, faites vos délices des préparations de Cosmus : »

> Balsama me capiunt; hæc sunt unguenta virorum.
> Delicias Cosmi, vos redolete, nurus.

Il y a là une distinction entre ces diverses odeurs dont il m'est impossible de saisir les nuances.

Mais quittons notre observatoire pour nous mêler à la fête, car il est temps qu'on nous présente à la maîtresse de la maison.

V

PRÉSENTATION.

Echange de saluts et de sourires avec les invités; politesse envers les femmes; comment on aborde la maîtresse de la maison; compliments qu'on lui adresse; louer sa toilette; s'extasier sur sa beauté; toute femme se trouve charmante; les animaux eux-mêmes sont sensibles à la flatterie.

Lorsque vous traversez une pièce, « regardez, dit Ovide, qui vous regarde; souriez doucement à qui vous sourit; répondez aux signes de tête par des signes correspondants : »

> Spectantem specta; ridenti mollia ride;
> Innuit, acceptas tu quoque redde notas.

Montrez-vous surtout d'une exquise politesse envers les femmes. Leur âge importe peu. N'ont-elles pas toutes également droit à vos hommages? Sans doute « la jeunesse enchante, mais la maturité captive : l'une a pour elle les agréments du corps, l'autre la solidité de l'esprit : »

> Te nova sollicitat; te tangit serior ætas :
> Hæc melior specie corporis, illa sapit.

« Ajoutez à cela que la prudence ne constitue pas un médiocre avantage et qu'il n'est que l'expérience pour tout perfectionner : »

> Adde quod est illis operum prudentia major;
> Solus et, artifices qui facit, usus adest.

Arrivé en présence de la maîtresse du logis (*do-minæ*), si vous êtes de ses amis, « que votre main presse la sienne » (*dextram dextra premat*). Quant à nous, qu'elle ne connaît pas personnellement, un maître de cérémonies (*introductor*) nous présentera et nous nous inclinerons avec respect (*saluta decenter*). Cela va tout seul; mais Ovide ajoute : « C'est le moment d'adresser votre compliment. » Or, que dire? Le même poëte va heureusement nous tirer d'embarras, en nous fournissant matière à plusieurs :

« Si sa robe est de Tyr, vantez les étoffes de Tyr; si elle est de Cos, vantez les étoffes de Cos : »

> Sive erit in Tyriis, Tyrios laudabis amictus;
> Sive erit in Cois, Coa decere puta.

« Est-elle ruisselante d'or, dites que l'or a moins d'éclat que ses charmes : »

> Aurata est, ipso tibi sit pretiosior auro.

« Ses cheveux sont-ils séparés sur le front, déclarez cette coiffure ravissante; sont-ils frisés par le fer, proclamez-la délicieuse : »

> Compositum discrimen erit, discrimina lauda;
> Torserit igne comam, torte capille, place.

« Surtout n'oubliez pas de vous extasier sur sa beauté (*formam celebra*). Vous serez toujours sûr d'être cru : toute femme se trouve charmante; la plus laide se complaît à elle-même : »

> Non credi labor est; sibi quæque videtur amanda;
> Pessima sit, nulli non sua forma decet.

« Il n'est pas jusqu'à la plus chaste qui n'aime les louanges et n'ait un souci extrême de ses attraits : »

> Delectant etiam castas præconia formæ;
> Virginibus curæ grataque forma sua est.

Les animaux eux-mêmes, continue Ovide, se montrent sensibles à ce genre de flatterie. « Voyez ce paon. Si vous louez son plumage, il étale sa queue avec orgueil; si vous le regardez en silence, il en cache les trésors : »

> Laudatas ostentat avis Junonia pennas;
> Si tacitus spectes, illa recondet opes.

« Et le coursier, combien dans la lutte des chars il aime les applaudissements donnés à sa crinière bien peignée et à sa fière encolure ! »

> Quadrupedes, inter rapidi certamina cursus,
> Depexæque jubæ plausaque colla juvant!

Ovide termine cette série d'instructions par ce précepte qui les résume toutes : « Ne dites jamais à une femme que ce que vous savez devoir lui plaire : »

> Audiat optatos semper amica sonos.

Tout cela est à merveille. Les conseils sont excellents et le poëte, par cette fertilité d'imagination. prouve qu'il n'était pas homme à être jamais pris au dépourvu. Mais le jour natal d'une Romaine était un peu le jour de l'an d'une Parisienne. Aussi notre héroïne, tout en étant très-sensible aux compliments, pourra-t-elle les trouver un peu fades sans l'assaisonnement de quelques cadeaux. Ces cadeaux, nous ne saurions donc les passer sous silence.

VI

CADEAUX.

Les Amaryllis aimaient les châtaignes; les Romaines préféraient le solide; abus des anniversaires; Silva naît et renaît; menaces de Martial; présents de rigueur; payement en cadeaux; payement en paroles; poésies de circonstance; pourquoi les poëtes ne les lisaient pas.

C'étaient, autrefois, de simples bagatelles : un anneau, un bougeoir, une petite pièce d'argenterie ou quelque primeur envoyée des champs. Ovide se plaint déjà que, de son temps, les femmes préféraient le solide. Ainsi, après avoir félicité les Amaryllis des églogues de leur goût pour les châtaignes, il termine par ce trait si plaisant :

Les nôtres aujourd'hui les aiment beaucoup moins :
At nunc castaneas non amat illa nuces.

Juvénal, suivant sa coutume, n'y met pas tant de façons pour signaler le même abus : « Voilà, s'écrie-t-il, celle à qui il faudra envoyer une ombrelle[1] verte et de splendides coupes d'ambre, chaque fois que reviendra son jour natal : »

En cui tu viridem umbellam, cui succina mittas
Grandia, natalis quoties redit. . . .

1. Ces ombrelles, au dire d'Ovide, étaient faites, comme les nôtres, « d'étoffes tendues sur de petites baguettes : »
Ipse tene distensa suis umbracula virgis.

« Recevez, dit également Martial, cette ombrelle qui vous garantira d'un soleil trop ardent : »

Accipe quæ nimios vincant umbracula soles.

Si encore, remarque Ovide, ces anniversaires ne se reproduisaient qu'une fois l'an ! Mais « certaines femmes trouvent moyen de naître chaque fois que cela entre dans leurs calculs : »

Et quoties opus est, nascitur ipsa sibi.

Sans doute, dit-il, elles ne reçoivent pas tous cadeaux de même valeur. Seulement, « lors même que chacun donne peu, le grand nombre fera comme les grains de sable qui finissent par former un tas considérable : »

> . . . . *Multi si pauca dederunt,*
> *Postmodo de stipula grandis acervus erit.*

Aussi ne peut-il retenir cette exclamation pleine d'amertume : « Que leur jour natal vous inspire une sainte horreur ! »

Magna superstitio tibi sit natalis amicæ !

Martial signale le même abus dans une de ses meilleures épigrammes. « Silva, dit-il, pour être en droit de réclamer, ou plutôt d'extorquer quelque cadeau, tu nais jusqu'à huit fois par an : »

> *Ut poscas, Silva, munus exigasque,*
> *Uno nasceris octies in anno.*

« Aie donc enfin un peu de pudeur et fais trève à tes rapines : »

Sit tandem pudor et modus rapinis.

« Si tu continues à te jouer de nous, et qu'il ne te
suffise pas de naître une fois l'an, je finirai, Silva,
par croire que tu n'es pas née du tout : »

> Quod si ludis adhuc, semelque nasci
> Uno jam tibi non sat est in anno,
> Natam te, Silva, non semel putabo.

Bien entendu, notre Romaine, de même que toutes
les personnes de sa société, serait incapable d'une
pareille supercherie. Mais enfin il nous faudra toujours lui offrir le présent de rigueur, à moins cependant que notre titre d'étranger ne nous en dispense.
N'oublions pas alors d'insister, comme le veut Ovide,
sur le chapitre des compliments. « Quand, dit-il, je
ne pouvais payer en cadeaux, je payais en paroles : »

> Quum dare non possem munera, verba dabam.

Ce payement en paroles avait du reste sa valeur et
son charme, en ce que presque toujours les poëtes
s'inspiraient de ces solennités pour composer quelques morceaux de circonstance dont les invités
avaient la primeur. Seulement Ovide « leur défendait
de les lire eux-mêmes : »

> Nec sua non sanus scripta poeta legat,

à cause de leurs manières et surtout de leur mise
excentrique, la plupart, par un travers dont beaucoup des nôtres ont hérité, « affectant, dit Horace,
de ne se couper ni les ongles ni la barbe : »

> Non ungues bona pars, non barbam ponere curat.

La lecture de ces poésies était habituellement confiée à des individus qui en faisaient métier et qui, nous allons le voir, rappelaient tout à fait le type des chanteurs de nos salons.

VII

LECTEURS.

Leur goût pour la flanelle; comment ils préludaient; petite toux; air penché; œil en coulisse; s'humecter le gosier; art de faire valoir les compositions faibles; être sobre de gestes; sujets traités dans ces poésies; un modèle du genre; applaudissements de complaisance; claqueurs dits romains.

Ces lecteurs ou, comme les appelle Martial, ces *récitateurs* n'arrivaient jamais que « la gorge et le cou tout rembourrés de flanelle : »

Qui recitat lana fauces et colla revinctus.

Leur grande préoccupation, en quittant leur manteau (*pallium*), était, « pour peu qu'ils fussent en sueur, d'éviter que quelque courant d'air ne surprît leur peau attendrie : »

Sudor inhæreret madida ne veste retentus,
Et laxam tenuis læderet aura cutem.

Avant de commencer et comme prélude, « ils faisaient entendre une petite toux » (*tussitat*), puis, « l'air penché » (*laxa cervice*), « l'œil en coulisse » (*ocello patranti*), ils débitaient leur morceau « en s'humectant de temps à autre le gosier avec un léger mucilage : »

Mobile colluerit liquido cum plasmate guttur.

« Le comble de l'art (*ars summa*) était de savoir faire valoir, par le charme du débit, les compositions les plus faibles : »

      . . . . Carmina lector
    Commendat dulci qualiacumque sono.

« Mais, même au fort de la déclamation, il fallait être sobre de gestes : »

    Exiguo signet gestu quodcumque loquetur.

Le sujet habituel de ces poésies était l'éloge de celle dont on fêtait la naissance, éloge qu'on faisait suivre des vœux les plus ardents pour son bonheur et sa prospérité. On cite toujours, comme modèle du genre, l'élégie que Tibulle adresse à Marsala et qui se termine par ces mots : « Et toi, jour natal, puissions-nous te célébrer bien des années encore; reviens plus beau toujours, toujours plus beau : »

    At tu, natalis, multos celebranda per annos,
      Candidior semper, candidiorque redi.

Ce qui, à la tournure près, rappelle la plus populaire de nos formules du jour de l'an : « Je vous la souhaite bonne et heureuse, accompagnée de plusieurs autres. »

Si la personne n'avait pas d'enfants, on ne manquait pas de lui prédire « qu'après plusieurs anniversaires, elle serait entourée de nombreux rejetons qui formeraient une joyeuse troupe folâtrant à ses pieds : »

    Hic veniat natalis avis, prolemque ministret;
      Ludat et ante tuos turba novella pedes.

Aujourd'hui encore pareil souhait peut trouver délicatement place dans un compliment.

Ces lectures, fussent-elles médiocres, étaient naturellement suivies des plus vifs applaudissements. C'était, de la part des invités, un acte de pure courtoisie qui s'adressait autant à celle qui avait ordonné la fête qu'aux poëtes dont la verve, plus ou moins bien inspirée, cherchait ainsi à en accroître et à en varier l'éclat.

Juvénal donne de cet enthousiasme une autre raison encore qui n'est peut-être pas la moindre. « On disposait, dit-il, des affranchis au fond de la salle, afin que leur voix se mêlât bruyamment à celle de l'assistance : »

> Scit dare libertos, extrema in parte sedentes
> Ordinis, et magnas comitum disponere voces.

Au théâtre, les choses se passaient de même, seulement sur une bien plus grande échelle. « Des gens du peuple, raconte Tacite, disposés par brigades, faisaient entendre des applaudissements, d'après des règles et des principes certains. » (*Plebs quidem urbis, theatro divisa in fractiones, personabat certis modis plausuque composito.*)

Ne croirait-on pas assister à l'une de nos premières représentations? L'art de la claque (*ars plausus*) nous vient donc encore de Rome. Ainsi peut se justifier l'épithète de *Romains* par laquelle nous désignons ceux qui, de nos jours, ont de même « l'entreprise des succès dramatiques. »

VIII

GATEAUX ET RAFRAICHISSEMENTS.

Liba ; pièces montées ; leur caractère symbolique ; gourmandise punie par un soufflet ; sorbets et glaces ; plateaux ; Néron limonadier ; eau frappée ; vin miellé ; détails de service.

Entre les lectures on faisait circuler des gâteaux et des rafraîchissements. Les gâteaux rappelaient assez notre gâteau des Rois : on les nommait *liba*. « N'oubliez pas, dit Ovide, d'indiquer par des liba que c'est votre jour natal : »

Natalem libo testificare juvat.

Ils n'étaient pas non plus sans analogie avec notre pain d'épices, car « il y entrait tout le miel que fabrique l'abeille économe : »

. . . . Huic uni parca laborat apis.

Certains pâtissiers les réussissaient mieux que d'autres. Il y en avait un surtout (je n'ai pu retrouver son nom) qui « possédait le talent d'en faire de délicieuses pièces montées : »

Mille tibi dulces operum manus ista figuras
Extruet. . . . .

Le caractère symbolique de ces liba aggravait singulièrement la faute de l'esclave dont ils auraient tenté la gourmandise. Aussi Juvénal, qui d'ailleurs n'aimait pas les demi-mesures, veut-il « qu'on administre un soufflet [1] vigoureux à celui qui se permettrait d'en *lécher* un seul : »

Nos colaphum incutimus *lambenti* crustula servo.

Quant aux rafraîchissements, c'étaient surtout « des sorbets et des glaces » (*sorpta et gelata*), « boissons, ajoute-t-il, plus froides encore que le climat des Gètes : »

Frigidior geticis petitur decocta pruinis.

On les faisait circuler sur des « plateaux » (*scutella*). « Toutefois, comme le remarque Martial, ce n'était pas la neige elle-même que l'on buvait, mais l'eau glacée par la neige ; ainsi l'avait appris la soif ingénieuse : »

Non potare nivem, sed aquam potare rigentem
De nive, commenta est ingeniosa sitis.

Nos limonadiers ne se doutent pas que Néron est un des leurs. C'est pourtant à lui qu'est due la méthode de *frapper* l'eau à l'aide d'un mélange réfrigérant. Il fut le premier, dit Pline, qui eut l'idée d'entourer de neige le verre qui la contenait, se donnant ainsi l'agrément de boire frais, sans redouter les inconvénients de la neige ajoutée à l'eau.

---

[1]. Le soufflet, même pour l'esclave accoutumé à d'indignes traitements, était regardé déjà comme le plus sanglant des affronts. « C'est au point, dit Sénèque, qu'il y en avait qui préféraient être battus de verges, plutôt que d'être souffletés. » (*Invenies servum qui flagellis quam colaphis cædi malat.*)

On ne tarda pas à étendre cette méthode au vin, ainsi que Martial le dit « du vin de Cécube : »

> Nec nisi per niveam Cæcuba potat aquam.

Le vin qu'on servait dans les soirées était du vin miellé (on ne connaissait pas encore le sucre). Notre satirique, à en juger par l'enthousiasme de son langage, devait avoir un faible tout particulier pour ce genre de rafraîchissement. « Miel attique, s'écrie-t-il, tu t'associes au nectar de Falerne pour former un breuvage que Ganymède seul a le droit de verser : »

> Attica nectareum turbatis mella Falernum ;
> Misceri decet hoc a Ganymede merum.

Enfin on profitait de la confusion inséparable de ce mouvement de plateaux et du va-et-vient des gens de service pour « rallumer, à l'aide du soufre, les bougies éteintes : »

> Suscitat extinctas, admoto sulphure, tædas.

IX

MUSIQUE ET DANSE.

Chacun doit y mettre du sien ; éloge de la musique ; airs étrangers ; chanter juste ; harpe ; cithare ; lyre ; éloge de la danse ; c'est le triomphe de la jeune fille ; poses gracieuses ; accompagnement de castagnettes ; les matrones font tapisserie ; Ovide maître de ballet ; quadrilles ; valse ; composition de l'orchestre : la flûte en était l'âme ; nain virtuose.

Voici les lectures terminées. Je présume que tout

ce qu'il y a de jeune dans la salle n'en sera pas fâché, car il est un âge où la poésie n'est pas précisément ce qui amuse le plus. C'est au tour maintenant de la maîtresse de la maison de se mettre en frais d'amabilité. « Il faut, dit Ovide, qu'elle se montre avide de plaire à chacun, et qu'elle fasse tout pour donner de l'éclat à sa soirée : »

> Omnibus illa suis maneat studiosa placendi,
>   Et curam tota mente decoris agat.

Puis s'adressant aux invités : « Vous aussi, voyez en quoi vous pouvez la seconder et que chacun s'empresse d'y mettre du sien : »

> Vos quoque, de vobis quem quisque sit aptus ad usum
>   Inspicite, et certo ponite quemque loco.

« Si vous avez de la voix, chantez ; si vos membres sont flexibles, dansez ; ne négligez aucun moyen de plaire : »

> Si vox est, canta ; si mollia brachia, salta ;
>   Et quacumque potes dote placere, place.

Et, en effet, la musique ainsi que la danse ont figuré de tout temps et chez tous les peuples en tête des divertissements. Ovide va en parler en homme qui s'y connaît.

« Le chant, dit-il, est chose délicieuse. Jeunes filles, apprenez à chanter : la beauté de la voix a plus d'une fois tenu lieu d'attraits : »

> Res est blanda canor. Discant cantare puellæ :
>   Pro facie multis vox sua lena fuit.

« Répétez tantôt les airs que vous aurez enten-
dus au théâtre, et tantôt des variations adaptées au
rhythme égyptien : »

> Et modo marmoreis referant audita theatris,
> Et modo niliacis carmina lusa modis.

Cette dernière recommandation semblerait prouver qu'à Rome, comme chez nous, on prisait surtout
la musique étrangère. Martial ne dit-il pas d'un jeune
élégant « qu'il fredonne toujours des airs égyptiens
ou espagnols ? »

> Cantica qui Nili, qui gaditana susurrat.

Ovide ajoute : « Il ne suffit pas que votre voix, douce
et flexible, fasse entendre des accents mélodieux : »

> Non quia dulce canit plectitque facillime vocem ;

L'essentiel est d'éviter de chanter faux :

> . . . . Absit symphonia discors.

« Sachez, continue-t-il, faire vibrer d'une main
savante la harpe mélodieuse : »

> Disce etiam duplici genialia nablia palma
>   Vertere. . . .

« Et parcourir d'un doigt léger les cordes frémis-
santes de la cithare [1] : »

> Et querulas agili percurrere pollice chordas.

---

1. La cithare, d'où nous avons fait « guitare, » est un des
instruments les plus anciennement connus. C'est elle qu'Homère
désigne quand il dit : « Tel un homme savant dans l'art du

« Si , cependant, vous craignez que ce frottement des cordes ne vous fasse venir au pouce quelque cuisante ampoule, que sous votre archet sonore
résonne la lyre obéissante : »

> Fervida ne trito tibi pollice pustula surgat,
> Exornent docilem garrula plectra lyram.

Notre poëte n'a pas la danse en moindre estime
que la musique. « Qui donc, demande-t-il, pourrait
douter que j'exige qu'une jeune fille sache danser ?
Est-il exercice plus propre à la faire briller à nos
yeux ? »

> Quis dubitat quin scire velim saltare puellam ;
> Tantum mobilitas illa decoris habet !

Puis il se plaît à applaudir aux plus méritantes, en
ayant pour chacune un mot aimable ou flatteur.
« Celle-ci, dit-il, charme par son geste et par les
mouvements cadencés de ses bras : »

> Illa placet gestu, numerosaque brachia ducit.

« Celle-là, dans de molles attitudes, imprime à
son corps les courbes les plus gracieuses : »

> Hæc tenerum molli torquet ab arte latus.

« Cette autre sait en dansant agiter d'une main
délicate la castagnette [1] babillarde : »

> Hæc quatiet tenera garrula sistra manu.

chant, ayant attaché aux deux extrémités de son instrument
une corde, boyau flexible et sonore, la tend sans peine en tour-
nant une cheville mobile et la monte au ton de sa voix. »

1. C'est de l'Espagne que venaient les castagnettes, comme

« Quant aux matrones, dont la gravité rappelle les austères Sabines : »

Aspera quæ visa est rigidas imitata Sabinas;

« Qu'elles regardent ! » *Spectent !* Et il jette ces mots du ton de dédain dont nous dirions : « Qu'elles fassent tapisserie ! »

Par contre, il gourmande avec la verve d'un maître de ballet, les jeunes gens qui manquent d'animation et d'entrain. « Les simples quadrilles » (*coronæ saltantes*) vous ennuient ? Eh bien ! « Que votre main prenne la taille de votre danseuse et que votre pied touche son pied : »

Velle latus digitis et pede tange pedem.

Il était difficile, ce me semble, de désigner la valse en termes plus clairs.

Ovide termine par ces conseils de haute galanterie : « Admirez ses bras quand elle danse, sa voix quand elle chante, et, lorsqu'elle aura cessé, plaignez-vous qu'elle ait trop tôt fini : »

Brachia saltantis, vocem mirare canentis,
    Et, quod desierit, verba querentis habe.

Mais il ne fallait pas que cette galanterie fût exclu-

---

c'est en Espagne qu'elles sont encore aujourd'hui le plus en vogue. « Téléthusa, dit Ovide, est habile à prendre de voluptueuses poses au bruit des castagnettes de la Bétique (Andalousie) et à imiter dans ses mouvements la souplesse des danseuses de Cadès (Cadix) : »

    . . . . . . Telethusa
Edere lascivos ad bœtica crusmata gestus
Et gaditanis ludere docta modis.

sive et fît oublier certains autres devoirs de société.
De là cette réflexion du même poëte : « Toute
femme, qu'elle accepte ou qu'elle refuse, aime à ce
qu'on l'invite : »

Quæ dant, quæque negant, gaudent tamen esse rogatæ.

— Nous n'avons rien dit de l'orchestre. Il se
composait, comme chez nous, d'un groupe de mu-
siciens exécutant des morceaux d'ensemble, dont le
rhythme et le mouvement variaient suivant les danses qu'il fallait exécuter. L'instrument dominant
était la flûte. « C'est la flûte, dit Ovide, qui chante
dans les temples, qui chante dans les jeux, qui chante
même aux lugubres funérailles : »

Cantabat fanis, cantabat tibia ludis,
Cantabat mœstis tibia funeribus.

Et de peur que l'uniformité d'une musique régu-
lière ne finît par tourner à la monotonie, « un nain,
tout ramassé sur ses petits membres, promenait de
temps à autre ses doigts écourtés sur un flageolet
de buis : »

Nanus et ipse, suos breviter contractus in artus,
Jactabat truncas ad cava buxa manus.

« Par moments, encore, il jouait de deux flûtes et
par moments d'une seule : »

Sæpe duos pariter, sæpe monaulum habens.

Ce nain virtuose ne rappelle-t-il pas un peu les
nains bouffons des anciennes cours ?

X

SQUELETTE AUTOMATE.

Son apparition solennelle; son speech ; sa burlesque
disparition.

Malgré l'emploi de tous ces moyens, dont pas un
n'avait été négligé par notre héroïne, il y eut cependant un moment où les danses parurent se ralentir et où un « coup de fouet » (*verbera*) devint nécessaire pour les ranimer. Or voici l'expédient auquel
elle eut recours :

A un signal donné, plusieurs esclaves s'avancè-
rent, servant d'escorte à un squelette d'argent qui
semblait marcher seul. Après qu'il eut ainsi traversé
plusieurs pièces, il monta sur une estrade et là, à
l'aide d'une petite « chaînette » (*catena*) dont une
main invisible faisait mouvoir les ressorts, il prit
successivement les poses les plus variées comme
les plus naturelles. Un automate de Vaucanson
n'eût pas mieux manœuvré. Quand l'assistance fut
suffisamment impressionnée, un héraut s'avança
et, désignant du doigt les membres décharnés du
squelette, s'écria d'une voix retentissante : « C'est
ainsi que nous serons tous un jour, lorsque nous aurons franchi les sombres bords; vivons donc gaiement, tant que nous en avons le pouvoir : »

Sic erimus cuncti, postquam nos auferet Orcus;
Ergo vivamus, dum licet esse, bene.

Ce petit *speech* terminé, le squelette, quittant tout à coup son attitude digne, se mit à exécuter de burlesques cabrioles, puis sortit de la salle au milieu des rires et des quolibets, qui devinrent le signal de la reprise des danses.

Je doute fort qu'une exhibition de ce genre obtînt un aussi grand succès de gaieté dans nos salons. Mieux vaudrait encore « Guignol » ou « l'homme à la poupée. »

XI

CAUSERIES.

Point d'allusion aux âges; point de discussions ; parler théâtre, acteurs, débats du Forum, courses; les paris; plaisanteries d'usage sur les médecins; ils ont un air affairé ; un ton majestueux; ils tuent les malades; Andragoras mort pour en avoir vu un en songe ; quelques épigrammes par trop brutales ; ne point s'en formaliser ; ce sont lieux communs prêtant de l'esprit à ceux qui n'en ont pas.

Mais, dans une soirée, tout le monde ne peut pas être ainsi en mouvement. Il est des personnes qui préféreront se réunir dans une pièce séparée afin de pouvoir se livrer plus à l'aise au passe-temps de la conversation. Ce sont celles que leurs goûts, leur position ou leur âge empêchent de prendre part à des distractions aussi bruyantes.

Je viens de parler d'âge. Les dames romaines n'aimaient pas beaucoup plus que les nôtres qu'on s'occupât du leur. « Ne vous informez jamais, dit très-sagement Ovide, ni de l'année ni du consulat qui ont vu naître une femme, si déjà surtout elle commence à s'arracher des cheveux gris : »

> Nec quotus annus est, nec quo sit nata require
> Consule, si albentes jam legit illa comas.

Usez de la même réserve à l'égard des hommes. Chez les jeunes Césars,

> *La valeur n'attend pas le nombre des années :*
> Cæsaribus virtus contigit ante diem.

Nous nous demandons, en passant, si l'auteur du Cid ne connaissait pas ce vers; le sien, en tout cas, en est la traduction on peut dire littérale.

Les sujets d'entretien ne sauraient, du reste, vous manquer. Surtout « point de discussions, point d'échange de paroles irritantes :.»

> Este procul lites, et amaræ prælia linguæ.

« Laissez cela aux gens mariés ; c'est le lot des ménages (*merci!*) : »

> Hoc decet uxores; dos est uxoria lites.

N'avez-vous pas « la pièce en vogue » (*celeber ludus*), « l'acteur en renom » (*nobilis actor*) et « les débats du forum » (*fori lites*)? « N'avez-vous pas également l'arène où de généreux coursiers se disputent le prix de la course? »

> Nec te mobilium fugiat certamen equorum.

Les courses, par parenthèse, étaient, comme chez nous, l'occasion de nombreux paris dont le payement ne devait, non plus, jamais se faire attendre.

Aussi Ovide veut-il « qu'on s'informe qui a gagné et qu'on dépose à l'instant son enjeu : »

> Et quærit, posito pignore, vincat uter.

Si, pour parler de choses qui nous touchent de plus près, l'un de nos confrères vient à se mêler à cette foule élégante et futile, soyez sûr que son entrée ne saurait passer inaperçue. Arrive-t-il tard, prétextant ses occupations, on ne manque pas de dire, avec Plaute, « qu'il était sans doute à remettre une jambe cassée à Esculape et un bras cassé à Apollon : »

> Aiunt hunc obligasse crus fractum Æsculapio,
> Apollini autem brachium. . . .

« Ou qu'il prescrivait majestueusement quelque bouillon de canard à un malade : »

> Aut digne jussit anatinam ægro parari.

C'est qu'à Rome le bouillon de canard correspondait à notre classique bouillon de poulet ou de veau.

En tout cas, il se trouvera nécessairement quelqu'un pour lui adresser cette question du même poëte : « *Quem trucidasti hodie?* » dont on nous gratifie encore chaque jour : « Docteur, avez-vous tué beaucoup de monde aujourd'hui ? » L'élan ainsi donné, ce sera un feu roulant de plaisanteries dont, je le crains bien, la médecine fera, comme d'habitude, tous les frais. Ouvrons Martial, cette gazette des salons de son temps :

« Andragoras, dit-il, s'est baigné avec nous ; il a soupé gaiement et, ce matin, on l'a trouvé mort dans son lit. Vous demandez, Faustinus, ce qui a pu causer cette mort foudroyante? Il aura vu en songe le médecin Hermocrate : »

> Lotus nobiscum est; hilaris cœnavit, et idem
>   Inventus mane est mortuus Andragoras.
> Tam subitæ mortis causam, Faustine, requiris :
>   In somnis medicum viderat Hermocratem.

A la bonne heure! voilà une épigramme des plus piquantes et des mieux tournées. Sans doute c'est le même thème que pour celles qui vont suivre, mais la forme en a rajeuni le fonds; d'ailleurs elle ne manque pas d'une certaine urbanité. Je ne saurais malheureusement en dire autant de la plupart des autres, qui affectent, au contraire, une allure agressive et brutale. Jugez-en par cette apostrophe du même poëte à Cœlius :

> *Médecin autrefois, aujourd'hui spadassin,*
> *Non, tu n'as pas changé ton métier d'assassin.*
> Hoplomachus nunc es, fueras ophthalmicus ante ;
>   Fecisti medicus quod facis hoplomachus.

Martial, ce me semble, nous a accoutumés à des épigrammes saupoudrées d'un sel un peu plus attique. Il paraît toutefois que celle-ci dut être fort goûtée, car il la reproduit, presque aussitôt, avec cette simple variante :

« Diaulus était chirurgien; maintenant il est croque-mort : ses fonctions ne diffèrent guère de ce qu'elles étaient autrefois : »

> Chirurgus fuerat, nunc est vespillo Diaulus;
>   Cœpit, quo poterat, clinicus esse modo.

Il n'est pas jusqu'à Boileau qui n'ait cru devoir en donner une traduction à sa manière :

Paul, ce grand médecin, l'effroi de son quartier,
Qui causa plus de maux que la peste et la guerre,
Est curé maintenant et met les gens en terre :
Il n'a pas changé de métier.

Voilà donc qui est parfaitement entendu. Ce n'est point la maladie, c'est le médecin qui tue le malade. On ne comprend pas très-bien, tout d'abord, ce que la mort peut avoir en elle qui prête tant à rire, surtout si on suppose, comme on ne manque jamais de le faire, qu'elle est le résultat de l'impéritie ou de l'ignorance. Il faut bien cependant qu'il en soit ainsi, puisque tel a été de tout temps le sujet d'intarissables plaisanteries. Que nos confrères se le tiennent donc pour dit, ou, pour continuer la même image, qu'ils en *fassent leur deuil.*

Ils ne se formaliseront pas davantage de rencontrer ces sarcasmes dans la bouche même de ceux qui, enthousiastes hier quand ils réclamaient nos soins, sont dénigrants aujourd'hui que la santé leur est revenue. Pareille versatilité n'a pas de quoi surprendre quiconque connaît le cœur humain. Corneille, qui en avait fait une si profonde étude, disait à propos des sentiments dont la reconnaissance est l'unique base :

Si d'un péril certain la terreur les fait naître,
Avec le péril même on les voit disparaître ;
Semblables à ces vœux dans l'orage formés,
Qu'efface un long oubli quand les flots sont calmés.

Mais laissons les causeries aller leur train. Nous savons qu'elles languiraient promptement sans ces espèces de lieux communs qui ont, de tout temps, défrayé les salons, en fournissant de l'esprit à ceux qui n'en ont pas. D'ailleurs, quoi de plus innocent, en définitive, que ces épigrammes? Leur seul crime, si c'en est un, est leur banale uniformité. Sans donc nous y arrêter plus longtemps, nous pénétrerons dans le compartiment où se trouvent les jeux.

XII

JEUX.

Étude des physionomies; fureurs concentrées; les femmes plus maîtresses d'elles que les hommes; trois jeux principaux : échecs, osselets, dés; les dés étaient le grand jeu; cornet; ce qu'était le coup de Vénus, ce qu'était le coup du chien; ne jamais plaisanter un joueur; la moutarde lui monterait au nez; tous sont superstitieux.

Dans une magnifique pièce, un peu isolée des autres, ont été dressées de nombreuses tables. Là règne un calme plus apparent que réel, chacun semblant faire de son mieux pour mettre en pratique ce précepte d'Ovide : « Le grand mérite consiste moins à conduire habilement son jeu, qu'à rester maître de ses impressions : »

> Sed minimus labor est sapienter jactibus uti ;
> Majus opus mores composuisse suos.

Et cet autre : « Évitez surtout les querelles qu'engendre le jeu, et ne soyez pas trop prompt à vous emporter : »

> Jurgia præcipue ludo stimulata caveto,
>   Et nimium faciles ad fera bella manus.

Mais, si nous étudions les physionomies de plus près, nous reconnaîtrons avec le poëte que « souvent un visage silencieux porte en soi des semences de haine : »

> Sæpe tacens odii semina vultus habet.

Par instants, « les yeux lancent des éclairs plus terribles que le feu de la Gorgone : »

> Lumina Gorgoneo sævius igne micant.

Parfois même « on voit des larmes de rage couler le long des joues : »

> Et lacrymis vidi sæpe madere genas.

Il est une autre remarque qui appartient également à Ovide, mais dont la justesse est plus contestable, c'est qu'en général « les femmes dissimulent mieux au jeu que les hommes : »

> Vir male dissimulat; tectius illa cupit.

Elles se contentent, dit-il, « de faire une petite moue » (*extendunt labellum*), ce qui vaut beaucoup mieux, car « rien ne nuit à la beauté comme de ne pas savoir dissimuler son dépit : »

> Pertinet ad faciem rabidos compescere mores.

« Et il suffirait d'un mot malsonnant pour dissiper à l'instant tout prestige : »

Et nocuit formæ barbara lingua bonæ.

Nous allons donc assister à des parties très-sérieusement engagées. Il y a trois jeux principaux : les échecs, les osselets et les dés. Il y a bien encore le « pair ou non » (*micatio*), et « les noix » (*nuces*). « A ces petits jeux, dit Martial, on est du moins sûr de ne pas se ruiner : »

Alea parva nuces et non damnosa videntur.

Mais ne nous occupons que des grands. Il va nous être d'autant plus facile d'en comprendre le mécanisme, que notre manière actuelle de les jouer s'en rapproche beaucoup.

On se servait pour les échecs de pièces de couleurs différentes, qui étaient censées représenter autant de brigands (d'où le nom *ludus latronum*), divisés en deux groupes se disputant un point fortifié. Ces pièces étaient de cristal ou de verre ; quelquefois on les figurait par des pierres précieuses. « Si vous aimez, dit Martial, les ruses et les combats des échecs, une pierre vous tiendra lieu de défenseur et d'ennemi : »

Insidiosorum si ludis bella latronum,
Gemmeus iste tibi miles et hostis erit.

Le champ de bataille était, comme nos échiquiers, un carré divisé en casiers alternativement blancs et noirs. La principale manœuvre consistait à « emprisonner entre deux pièces la pièce de son adversaire, qui alors était pris : »

Unus cum gemino calculus hoste perit.

Mais il était de bon goût, quand on jouait contre une femme, « de se laisser battre par elle : »

Fac pereat vitreo miles ab hoste tuus.

Les osselets (*astragali*) provenaient, comme les nôtres, de l'os du paturon de certains animaux; on employait aussi, au lieu de l'os lui-même, des imitations en pierre et en bronze. Ce jeu consistait, comme aujourd'hui, à les lancer en l'air et à en recueillir le plus possible sur le dos de la main. Quelquefois leurs facettes étaient ponctuées; c'était une combinaison de plus qui prêtait aux paris, et à laquelle on pouvait perdre de très-fortes sommes.

Quant aux dés, c'était le grand jeu, le jeu aux émotions, celui dont un de nos poëtes a dit que tout joueur

Voit sa vie ou sa mort sortir de son cornet.

A Rome aussi, le cornet était d'un usage à peu près constant. » Il sert, dit Juvénal, à mouvoir et à lancer ces petits projectiles : »

Sic ludit parvoque eadem movet arma fritillo.

Les dés ne différaient non plus en rien des nôtres. Même forme cubique, même division par points et même manière de les compter : seulement on jouait avec trois dés au lieu de deux. Six partout faisaient

gagner ; c'était « le coup de Vénus. » As partout
faisait perdre ; c'était le « coup du chien. »

« Toute ma préoccupation, dit Perse, était de savoir combien me coûterait le coup du chien : »

> Scire erat in voto damnosa canicula quantum
>   Raderet. . . .

Et Properce :

> *Je demandais aux dieux l'heureux coup de Vénus,*
> *Il m'arrivait toujours le maudit coup de chien.*
> Me quoque per talos Venerem quærente secundos,
>   Semper damnosi subsiluere canes.

Le coup du chien ! Parfois aussi vous entendez
nos joueurs malheureux murmurer entre leurs dents :
« Quel chien de coup ! » Je n'oserais néanmoins
voir dans ces plaintes une sorte d'écho de celles de
leurs anciens compagnons d'infortune de Rome.

Toujours est-il que Plaute défend très-sagement
de jamais plaisanter un joueur, « de peur, dit-il,
que la moutarde ne lui monte au nez : » *Hic homo
sinapi victitat* (mot à mot : cet homme se nourrit de
moutarde).

Si, de tout temps, le jeu a éveillé les mêmes passions et parlé le même langage, de tout temps aussi
il a produit les mêmes entraînements. Combien
d'exemples viennent confirmer, chaque jour, cette
remarque d'Ovide que « quiconque a perdu ne cesse
de perdre, l'espoir du gain ramenant sans cesse les
dés sous ses mains fiévreuses ! »

> Sic qui perdiderit non cessat perdere lusor,
>   Et revocat cupidas alea sæpe manus.

Quel joueur, non plus, n'a pas été superstitieux ?
« Chacun, continue le poëte, maudit la fatalité dont
il se croit poursuivi : »

Invocat iratos et sibi quisque deos.

« On n'a plus foi en rien ; on exige absolument
d'autres jeux : »

Nulla fides, tabulæque novæ per vota petuntur.

N'est-ce pas là l'histoire de nos perdants, alors
qu'ils accusent la *veine*, qu'ils demandent qu'on
change de places et de cartes, ou qu'ils se disputent
la charnière?

XIII

UN ÉCLAT.

Tumulte et clameurs ; voies de fait ; table culbutée.

Tout jusqu'ici s'est borné, chez notre Romaine, à
quelques propos ou à quelques gestes plus ou moins
vifs ; il n'y a pas eu, à vrai dire, d'éclat. Pourquoi
donc ce tumulte et ces clameurs qui viennent de
s'élever dans toute une partie de la salle et dont
chacun s'émeut? « On s'invective, dit Ovide ;
l'air retentit de provocations furieuses ; ce sont
des luttes, des rixes et des exclamations de douleur : »

Crimina dicuntur ; resonat clamoribus æther ;
    Jurgiaque et rixæ sollicitusque dolor.

« La colère gonfle les visages, et y fait affluer un sang noir : »

Ora tument ira ; nigrescunt sanguine venæ.

« La table où l'on jouait a même été culbutée sens dessus dessous, les pieds en l'air : »

Recidit inque suos mensa supina pedes.

Enfin les mots qui dominent sont ceux de voleur et d'escroc. Que s'est-il donc passé? Le voici.

XIV

UN GREC.

Ses bonnes manières ; sa mise irréprochable ; ses assiduités près des femmes ; il feint de perdre ; gros bénéfices ; dés pipés ; scandale ; réclamations des victimes.

Parmi cette société d'élite, où l'on croyait s'être si bien conformé au précepte de rigueur de « fermer sa porte à tout individu suspect : »

Janua fallaci non sit aperta viro,

un grec s'est glissé. Il eût été difficile de ne pas s'y laisser prendre, car, dit Ovide, « c'est peut-être, de tous les invités, celui qui a les meilleures façons : »

Forsitan ex horum numero est cultissimus ille.

La description qu'il en donne s'appliquerait parfaitement aux grecs de nos salons. « Défiez-vous, dit-il, de ces hommes dont la chevelure est toute

parfumée d'un nard liquide, et dont une ceinture
dessine la taille amincie : »

> Nec coma vos fallat liquido nitidissima nardo,
>   Nec brevis in rugas cingula pressa suas.

« Ne vous laissez tromper non plus, ni par l'étoffe
si fine de leur tunique, ni par les nombreux anneaux
dont ils couvrent leurs doigts : »

> Nec toga decipiat filo tenuissima, nec si
>   Annulus in digitis alter et alter erit.

« Beaucoup s'insinuent près des femmes, sous les
dehors d'un amour mensonger : »

> Sunt qui mendaci specie grassentur amoris.

« Ce qu'ils vous disent, ils l'ont dit déjà mille fois
à d'autres; leurs protestations ne reposent sur aucun sentiment stable : »

> Quod vobis dicunt, dixerunt mille puellis;
>   Errat et in nulla sede moratur amor.

En un mot, « ce sont des grecs ! Leurs soupirs ne
s'adressent qu'à votre bourse : »

> Fures ! Uruntur vestis amore tui.

Ne semble-t-il pas entendre·Molière parler des
« beaux yeux » de la cassette d'Harpagon?

Toujours est-il que le personnage dont il s'agit
« avait un talent tout particulier pour faire sortir les
dés qui lui plaisaient : »

> Scit bene compositos manus improba mittere talos.

D'abord, il avait feint de perdre, « en amenant à plusieurs reprises le coup du chien : »

Damnosi faciens stent sibi sæpe canes.

Puis, une fois la confiance établie, il avait réalisé « des bénéfices énormes » (*magnam pecuniam*), mais pas assez habilement cependant pour qu'on ne s'aperçût pas enfin qu'il se servait de dés « pipés[1] » (*adulterati*). C'est alors qu'avait éclaté l'orage au milieu duquel nous avions distingué ces cris : « *Rends-nous notre argent*! poussés par les jeunes victimes qu'il avait dépouillées : »

Redde meum ! clamant spoliatæ sæpe juvencæ.

XV

FIN DE LA SOIRÉE.

Désertion générale ; un procès : grand retentissement.

Il va sans dire qu'après un pareil esclandre, il n'y avait plus de soirée possible. La désertion devint générale et les salons furent vides en un instant. Mais patience : un procès s'en suivra, et, pour que rien n'y manque, « les jurisconsultes s'en mêleront :

1. Les *Grecs* connaissaient aussi « l'art d'endormir leurs partenaires en ajoutant certaines drogues à leurs boissons : »

Sunt quoque quæ faciunt altos medicamina somnos.

l'affaire sera confiée à un avocat plein d'éloquence : »

. . . . Jus qui profitebitur, adsit ;
Facundus causam sæpe clientis agat.

Bientôt enfin les mêmes clameurs : « *Rends-nous
notre argent !* feront retentir tous les échos du palais : »

Redde meum ! Toto voce boante foro.

XVI

UNE CITOYENNE DE ROME.

Fumier d'Ennius; notre époque a copié l'antiquité; il
n'y a de changé que les noms.

Je m'arrête, malgré l'intérêt attaché à ces détails
qui font revivre à nos yeux, sous sa physionomie la
plus intime, une société dont on parle tant et qu'on
connaît si peu. Mais, nous l'avons dit en commen-
çant, il nous faut de toute nécessité limiter nos
choix, placé que nous sommes sur un terrain qui,
par ses monstrueux mélanges, ne rappelle que trop
le « fumier d'Ennius. » D'ailleurs, et c'était là en
quelque sorte la pensée mère de cette étude, nous
avons surabondamment prouvé, ce me semble, que
notre époque, qui se croit si féconde en inventions
de tout genre, n'a fait, ici du moins, que copier
servilement l'antiquité. Que de fois même n'ai-je
pas été tenté d'interrompre ces récits, pour appli-

quer à celles de nos Parisiennes qui me font l'honneur de me lire, cette apostrophe empruntée à Horace : « Changez les noms, cette histoire est la vôtre ! »

> . . . . Mutato nomine, de te
> Fabula narratur. . . . .

Mais soyez sûrs que la plupart auront déjà pris l'initiative de ces rapprochements. Peut-être même quelqu'une d'entre elles, se reconnaissant à certains détails, — je l'estime trop pour dire à tous, — s'est-elle écriée avec un élan plus voisin de l'humilité que de l'orgueil : « Et moi aussi je suis citoyenne de Rome ! »

Ego sum civis Romana !

CONSEILS

A UNE PARISIENNE

SUR LES COSMÉTIQUES

CONSEILS

A UNE PARISIENNE

SUR LES COSMÉTIQUES.

PARIS ET ROME.

Autres temps, même fièvre de rajeunissement; nos cosmétiques
plus vénéneux que ceux d'autrefois; leur relation avec l'hygiène; intervention des analyses; plus de mystères ni d'arcanes; en quoi cette seconde édition diffère de la première;
mieux vaut éclairer l'opinion que l'effrayer; des secrets du
métier; où seront puisés nos nouveaux renseignements.

Il nous faut maintenant quitter Rome pour Paris,
et franchir ainsi, d'un seul bond, les dix-neuf siècles
qui nous en séparent. Dix-neuf siècles ! J'ai besoin
de répéter cette date pour être bien sûr que je ne
fais pas confusion, tant il me semble que les détails
dans lesquels nous venons d'entrer ne sont qu'une

page détachée de notre histoire contemporaine. En quoi, en effet, une élégante de nos jours diffère-t-elle d'une élégante de l'ancienne Rome? Ne sont-ce pas les mêmes manœuvres quand il s'agit de tromper? Ne sont-ce pas les mêmes ressources quand il s'agit de plaire? De part et d'autre même fièvre de rajeunissement, et, pour arriver au même but, même mise à contribution des divers règnes de la nature. Il y a cependant cette différence que les cosmétiques dont se servait notre Romaine étaient, en général, plus inoffensifs que les nôtres. Cela se comprend. La chimie n'existant pas encore à l'état de science, les substances utilisées s'écartaient peu de leur composition élémentaire, et avaient, par suite, une activité moindre que les principes essentiels que nous savons maintenant en isoler. Qui ne sait que la plupart des poisons sont beaucoup moins l'œuvre du Créateur qu'un produit artificiel de l'art?

Toutefois, nous l'avons vu, les préparations d'alors étaient loin également d'être exemptes d'inconvénients. C'est au point que le mot « poison » est souvent employé comme synonyme du mot « cosmétiques : » témoin ce passage d'Ovide, qui clora nos citations latines : « Évitez d'être là, quand elle prépare les *poisons* destinés à son visage : »

Absis, quum positis sua collinet ora *venenis*.

Si nous n'avons pas consacré aux dangers qui pouvaient résulter de leur emploi une attention plus spéciale, c'est qu'une semblable étude nous eût offert un intérêt purement rétrospectif; c'est surtout que nous manquons de données suffisantes sur la composition exacte des recettes de cette époque.

Aujourd'hui, au contraire, que l'attention des individus comme celle des gouvernements est dirigée, non sans une certaine anxiété, vers les grands problèmes d'hygiène, cette étude est de toutes la plus actuelle, et il n'est personne qui n'en comprenne l'importance. Ajoutons que, grâce à l'intervention des analyses, la parfumerie, le voulût-elle, ne saurait plus avoir pour nous ni mystères ni arcanes. J'affirme même qu'elle n'en a pas un seul aujourd'hui, les travaux de nos meilleurs chimistes, et tout particulièrement ceux de M. Chevalier, ayant jeté une vive lumière là où il semblait qu'elle s'était plu jusqu'à présent à accumuler les ténèbres. Du reste, elle a si bien compris elle-même qu'elle ne pouvait persister dans les errements d'autrefois, qu'elle s'est, on peut le dire, entièrement transformée depuis vingt ans; elle a cessé d'être une science exclusivement empirique pour devenir une science d'applications sérieuses, sinon toujours rationnelles avec laquelle il faut compter.

Ces changements, toutefois, n'ont pas été tels que les détails dans lesquels nous allons entrer à propos de la toilette de nos Parisiennes, ne puissent prêter à plus d'un rapprochement avec ce qui se faisait à Rome du temps d'Auguste. C'est même dans le but de les faciliter que nous nous attacherons à mettre en regard les uns des autres les produits plus ou moins similaires de chaque époque. Tel a été du reste le plan suivi dans la première édition de ce livre; nous avons été d'autant moins tenté de le modifier pour celle-ci, qu'il n'a peut-être pas été pour peu de chose dans le succès même de l'ouvrage.

Il y aura cependant cette différence dans la manière dont nous traiterons notre sujet que, tandis que nous nous étions borné jusqu'alors à faire ressortir les dangers inhérents à l'emploi de certains cosmétiques, nous allons nous attacher désormais à signaler avec le même soin ceux qui se recommandent par leurs avantages ou du moins leur innocuité. C'est que, s'il importe quelquefois d'effrayer l'opinion, il est plus souvent encore préférable de l'éclairer, surtout quand il s'agit d'objets dont beaucoup ont une utilité incontestable, ou qui sont tellement passés dans nos mœurs qu'ils constituent un bésoin réel et journalier.

Ce complément de renseignements a dû nécessairement exiger, de notre part, un complément de recherches. Or, ces recherches ne pouvaient devenir susceptibles d'applications pratiques qu'autant que nous serions initié à certaines particularités de manipulation qui constituent ce qu'on appelle en termes vulgaires, mais vrais, les « secrets du métier. » Disons-le de suite, notre tâche a été singulièrement simplifiée par l'empressement avec lequel les chefs de nos principales maisons de parfumerie ont mis leurs laboratoires et leurs formules à notre disposition. Et cependant nos précédentes publications pouvaient leur donner à croire que nous étions quelque peu prévenu contre leur industrie! C'est qu'ils ont compris que nous n'avions d'autre but que la science, d'autre mobile que la recherche de la vérité. M. Ed. Pinaud surtout s'est montré pour nous d'une obligeance parfaite. Nous lui en sommes reconnaissant, sans en être surpris, maintenant que nous savons quel soin consciencieux préside à la préparation de ses divers produits.

Aucune facilité ne nous a donc manqué. Aussi ne sera-ce point au défaut de matériaux, mais uniquement à nous-même qu'il faudra s'en prendre, si nous ne sommes point parvenu à justifier le titre de cette seconde division de notre travail : « Conseils à une Parisienne sur les Cosmétiques. »

Mais il me paraît essentiel de faire précéder l'étude de ces cosmétiques de celle des odeurs. Les odeurs, en même temps qu'elles en constituent l'élément principal, ont leur histoire à elles qui offre plus d'un côté intéressant ; elles exercent, de plus, une action physiologique propre, qu'il ne faut ni méconnaître ni dédaigner.

DES ODEURS.

Le mot « odeur » désigne toute émanation agréable ou désagréable ; cependant nous l'emploierons habituellement ici comme synonyme de parfum, c'est-à-dire, comme emportant avec soi l'idée d'un arome plus ou moins suave.

Disons d'abord quelle est la nature des odeurs. Nous parlerons ensuite des plantes qui les dégagent, du goût dont elles ont de tout temps été l'objet, de leur action sur l'organisme, de leurs caractères antiputrides, des crimes d'empoisonnement qu'on leur a imputés, puis enfin des avantages qu'on a cru leur reconnaître comme préservatifs de la contagion.

I

NATURE DES ODEURS.

Ténuité des molécules qui les constituent ; facilité avec laquelle certains corps s'en imprègnent.

L'odeur est produite par les molécules infiniment ténues qui se dégagent de certains corps, et qui, entraînées par l'air, pénètrent les diverses surfaces qu'elles rencontrent sur leur passage. Arrivent-elles au nerf olfactif, elles mettent en jeu le sens de l'odorat, de même que les ondes sonores, par leur contact avec le nerf acoustique, mettent en jeu le sens de l'audition.

Ces molécules sont d'une ténuité si grande que les corps d'où elles émanent semblent ne rien perdre de leur poids; du moins la déperdition qui en résulte à la longue est-elle à peine appréciable. Un grain de musc, soigneusement pesé par Haller, embauma pendant plus de trois mois tout un vaste appartement, sans qu'au bout de ce temps, la balance la plus délicate indiquât que son poids eût diminué.

Cette extrême volatilité des odeurs n'a de comparable que la facilité avec laquelle certains corps s'en imprègnent. Au premier rang se placent les huiles, les graisses, l'eau et surtout l'alcool. Notez ce fait; c'est sur sa connaissance qu'est fondée la fabrication des divers cosmétiques qui vont bientôt nous occuper.

<h1 style="text-align:center">II</h1>

PLANTES ODORANTES.

Siége de l'odeur; son dégagement capricieux; plantes n'ayant d'odeur que la nuit; fleurs femelles à l'état de séquestre; fleurs mâles en liberté; image de nos sociétés modernes; lampyris et courtisanes; un flambeau de l'hymen.

Tandis que le règne animal ne fournit aux manipulations du parfumeur que quatre odeurs essen-

tielles : le musc, la civette, l'ambre gris et le casto-
réum, le règne végétal, au contraire, est sous ce
rapport d'une merveilleuse prodigalité, toute plante,
on peut le dire, exhalant un arome quelconque.

Cet arome ne réside pas toujours dans les mêmes
parties. Tantôt c'est dans le bois, comme pour le
santal; tantôt dans l'écorce, comme pour la cannelle; tantôt dans la racine, comme pour le vétiver et l'iris. C'est la fleur dans la rose, le lis et le
réséda; la feuille dans la menthe et le thym; la
gousse dans la vanille; le fruit dans le carvi; la
graine dans la féve tonka; la résine enfin dans le
benjoin et la myrrhe.

Il n'est pas rare que la même plante renferme en
elle plusieurs odeurs différentes. Ainsi, par exemple, la fleur de l'oranger fournit le « néroli; » son
écorce, l'essence appelée « portugal; » ses feuilles
et ses boutures, celle dite « petit grain. »

Rien de capricieux non plus comme le dégagement de l'odeur. Une température élevée n'est pas
toujours, comme on le croit généralement, la condition la plus favorable pour sa production. La
preuve, c'est que nos fleurs de printemps et d'automne ont plus de parfum que nos fleurs d'été; elles
en ont plus surtout que les plantes tropicales,
celles-ci perdant par la dessiccation qu'amène l'excès
de calorique de l'air, une partie de l'huile essentielle
qui constituait leur arome.

Il est des fleurs qui semblent retenir l'odeur à certains moments de la journée et la laisser échapper
dans d'autres. Ainsi le *cereus grandiflorus* envoie,

toutes les demi-heures, de véritables bouffées balsamiques, et, dans l'intervalle, il est complétement privé d'odeur.

Bien que, d'ordinaire, les fleurs soient moins odorantes la nuit que le jour, l'inverse a lieu pour quelques-unes : c'est ce qui leur a valu l'épithète de « tristes. » Telles sont l'*hesperis tristis*, le *nyctanthes tristis*, et certaines variétés du *catasetum triste*, qui n'ont réellement d'odeur que quand le soleil a quitté l'horizon.

Enfin certaines fleurs n'exhalent leur parfum que pendant un court instant de leur existence, celui qui précède et prépare la maternité. Voyez les nymphéas. Tandis que les fleurs mâles font orgueilleusement briller leurs corolles à la surface de l'étang dont elles sont la parure, les fleurs femelles vivent retirées et solitaires au fond des eaux. Il ne leur est donné de sortir un instant de leur retraite que pour aller subir le contact du pollen :

> *Mais, les temps de Vénus une fois accomplis,*
> *La tige se replonge en rapprochant ses plis,*
> *Et va mûrir sous l'eau sa semence féconde* [1].

Ne pourrions-nous pas voir dans cette espèce de vie de séquestre, une sorte d'image de la condition de la femme en Orient ?

Il ne faudrait pas non plus aller bien loin pour trouver quelque chose qui ressemblât de même aux mœurs de l'Occident. Ainsi ces *lampyris* ou vers

----

1. Castel, *Poëme des plantes.*

luisants qui, lorsque arrive le soir, promènent sur nos gazons le fanal dont la femelle seule est pourvue, ne rappellent-ils pas ces courtisanes qui envahissent, aux mêmes heures, nos rues et nos boulevards, étalant, elles aussi, en guise de fanal, l'excentricité de leurs toilettes? Disons, toutefois, à l'avantage des *lampyris*, que le seul flambeau qu'ils se proposent d'allumer est peut-être le flambeau de l'hymen.

III

GOÛT GÉNÉRAL POUR LES ODEURS.

Usage des odeurs dans l'antiquité; leur caractère symbolique; on les prodiguait à Rome; la Grèce voulut les proscrire; édits de Solon et de Lycurgue; un médiocre argument de Socrate; Eschyle se fait parfumeur; passion des grands hommes pour les odeurs; Louis XIV les détestait; cour parfumée de Louis XV; la mode régit tout, même l'odorat.

Les odeurs étaient d'un très-fréquent usage dans l'antiquité. On les prodiguait partout et en toutes circonstances, dans les habitations, sur les vêtements, sur le corps, et jusque dans les aliments et les boissons. On brûlait des parfums devant le berceau du nouveau-né, autour de la couche nuptiale et sur le marbre des tombeaux; ils servaient à glorifier les héros et les rois; enfin, ils étaient tout particulièrement offerts à la Divinité comme tribut et comme hommage.

A Thèbes, les disciples de Zoroastre jetaient six

fois par jour des parfums sur l'autel où l'on entretenait le feu sacré.

A Héliopolis, cette métropole du temple du soleil, on les employait avec la même profusion, variant les espèces suivant les phases du cours de cet astre. A son lever du benjoin ; à midi de la myrrhe ; à son coucher un mélange, appelé *kyphi*, où il entrait seize ingrédients différents.

Telle était encore la quantité d'aromates qu'on brûlait à Corinthe, dans le temple d'Aphrodite, que les murs en disparaissaient sous un épais nuage qui se voyait à plus de trois lieues de distance.

La Bible et la tradition hébraïque témoignent, de même, du rôle que jouaient les parfums dans les pratiques religieuses du peuple juif. Moïse énumère avec soin ceux qui devaient remplir le tabernacle ; c'étaient : « la canne aromatique, le stacté, le galbanum, l'onyx et l'encens le plus luisant, triturés par parties égales selon l'art du parfumeur. » Il n'entre pas dans de moindres détails sur ceux qui devaient faire la base des purifications prescrites par la loi.

Rappellerai-je que, parmi les présents que les rois mages vinrent déposer près du berceau de Bethléem, figurent la myrrhe et l'oliban ? C'est avec le nard le plus précieux que la Madeleine arrosa les pieds du Messie ; enfin, l'encens fume aujourd'hui comme autrefois dans le sanctuaire de nos temples.

Il nous serait facile de rattacher ce caractère symbolique des parfums aux questions les plus élevées de l'histoire de l'humanité. Mais des considérations aussi graves cadreraient mal avec la nature essentiellement profane du sujet qui nous occupe, et, d'ailleurs, il serait à craindre qu'elles ne finissent par nous le faire perdre de vue.

Je disais donc que le goût des odeurs a été de tout temps un goût généralement répandu. A Rome, par exemple, les plafonds s'ouvraient au milieu des festins pour verser sur les convives une rosée de parfums, et, dans les sanglants combats du cirque, des cassolettes, habilement distribuées par étage, préservaient les spectateurs des àcres et fauves émanations de l'arène. Ces mêmes goûts, sinon ces mêmes pratiques, s'observaient, à la même époque, chez tous les peuples civilisés ou barbares.

La Grèce, un instant, fit exception, ou plutôt ses législateurs voulurent s'opposer à l'entraînement universel. C'est ainsi que Solon et Lycurgue lancèrent des édits contre les parfums; ils poussèrent même le zèle jusqu'à bannir les parfumeurs eux-mêmes. Mais bientôt, par suite d'une réaction inévitable, ceux-ci furent rappelés; leur retour fut même l'objet d'une sorte d'ovation, et les cosmétiques redevinrent plus florissants que jamais. Socrate, lui aussi, tenta une croisade du même genre, sous prétexte que « l'homme libre et l'esclave, quand ils se parfument, ont la même odeur. » L'argument était médiocre; le succès fut plus médiocre encore. C'est au point qu'Eschyle, l'élève et l'ami du philosophe, ouvrit à Athènes même une boutique de parfumeur, presque aux portes du Prytanée où le maître ne cessait de les anathématiser.

Chose singulière! Les hommes ne sont pas moins

accessibles que les femmes à ce genre de volupté, ceux-là précisément qui sembleraient devoir en être le plus affranchis. Citons quelques faits. Sylla, dans la pièce même où il signait ses listes de proscription, se délectait de l'odeur des aromates; Pompée, jusque dans son camp, ne buvait que des vins ambrés; Marc-Antoine demanda, en mourant, qu'on le couvrît de roses; Charlemagne faisait arroser les murs de son palais avec des eaux de senteur; enfin Napoléon lui-même s'inondait tous les matins le cou et les épaules d'un flacon d'eau de Cologne, et l'absence de ce cosmétique ne fut pas une de ses moindres privations de Sainte-Hélène. Louis XIV, il est vrai, avait pour toute espèce d'odeurs une répugnance invincible. Cette répugnance était même poussée si loin qu'une princesse de la cour s'étant trouvée mal en sa présence, on l'emporta évanouie, sans oser lui faire respirer des sels. Mais son petit-fils prit, à cet égard, une telle revanche, que sa cour reçut le nom de « cour parfumée. »

Nos Parisiennes sont donc bien excusables d'imprégner leur linge et un peu leur personne des essences les plus suaves. Sans doute il faut savoir choisir comme quantité et comme espèces; mais rapportez-vous en à elles de ce soin. Sous ce rapport, comme sous beaucoup d'autres, elles sont plus en mesure de donner des leçons que d'en recevoir.

Ou plutôt ce ne sont point elles qui donneront ces leçons, c'est la mode, car, chose que je ne me charge point d'expliquer, les sens eux-mêmes, c'est-à-dire nos impressions instinctives, doivent subir

ses variations et ses exigences. Ainsi telle odeur est
aimée aujourd'hui qui sera détestée demain, pour
faire place à une autre qui n'aura non plus qu'un
règne éphémère. Pendant longtemps les femmes se
sont passionnées pour l'œillet, le jasmin et la tubéreuse; puis est venu le tour du vétiver et du patchouly; maintenant la vogue est au néroli ambré et
au santal : combien cela durera-t-il?

IV

ACTION DES ODEURS SUR L'ORGANISME.

L'odeur, indice des qualités de l'air; du danger de respirer
certaines odeurs; effets de l'imagination; une rose artificielle prise pour une naturelle; cas de mort causé par un
bouquet de lis; comment l'expliquer; cosmétiques moins
dangereux; odeurs qui énervent; odeurs qui restaurent.

Lorsque l'on arrive sur les bords de la mer par une
brise douce et un peu fraîche, ou, dans les champs,
aux époques de la fenaison, il règne dans l'air je ne
sais quel arome qui charme et qui captive. Traverse-
t-on, au contraire, un endroit bas, humide, maréca-
geux, on a hâte d'en sortir, tant il semble que l'atmosphère est saturée de miasmes pestilentiels. Ces
différences dans la sensation rendent assez fidèlement
compte des différences dans la composition des milieux ambiants; elles sont d'accord également avec les
effets si variables que devra en éprouver l'organisme.

Les odeurs peuvent donc porter en elles d'utiles
avertissements. C'est par l'odorat que les animaux

distinguent les plantes dont ils peuvent se nourrir d'avec celles qui leur seraient nuisibles, et il est extrêmement rare que leur instinct les trompe.

L'homme a, sous ce rapport, le flair moins intelligent; il pourra même arriver que la suavité du parfum devienne un danger de plus par l'attrait de la sensation. Ainsi l'une des odeurs les plus généralement recherchées est celle des amandes amères; or elle est due à l'acide prussique, le plus terrible comme le plus pénétrant des poisons.

Rien de variable, toutefois, quand il s'agit d'odeurs, comme le degré d'impressionnabilité de chaque individu. Ainsi il suffira, dans certains cas, de quelques inhalations de chloroforme pour endormir profondément, et, dans d'autres, on le fera respirer, plusieurs minutes, sans même déterminer un commencement de somnolence.

Puis l'imagination! quel rôle ne joue-t-elle pas dans toutes ces manifestations sensoriales! Le duc d'Épernon s'évanouissait à l'odeur du lièvre; Mlle Comtat à celle du bouc; le célèbre Haller à la seule vue du fromage. L'odeur de l'ail donnait le vertige à Henri III; elle faisait au contraire les délices du bon Henri IV. Enfin Thomas Capellini, médecin bien connu de Rome, raconte l'histoire d'une de ses clientes qui se disait tellement nerveuse que le parfum d'une seule rose suffisait pour la faire tomber en pamoison. Or, un jour qu'elle se trouvait dans un salon, une dame entre, portant précisément une rose dans ses cheveux. Aussitôt notre merveilleuse de s'évanouir. Vite de l'air, des sels, de l'eau fraîche! Surtout qu'on se hâte d'éloigner la fatale fleur, cause de tant d'émoi. Hélas! faut-il le dire? C'était une rose artificielle.

Cependant, on ne saurait le nier, il est des circonstances où certaines fleurs, même parmi les plus inoffensives, peuvent déterminer une véritable intoxication.

Pendant l'un des derniers voyages de Magendie à Londres, une dame, bien portante habituellement, fut trouvée, un matin, morte dans son lit. L'autopsie n'ayant révélé aucune lésion, il parut constant qu'elle avait succombé à un empoisonnement produit par un gros bouquet de lis, placé, la veille, sur la cheminée de sa chambre, qui était petite et un peu basse.

Cet exemple n'est pas unique; je dirai même que la science, au degré de gravité près, abonde en faits de ce genre. Du reste, il est facile de s'en rendre compte.

Chacun connaît l'expérience qui consiste à mettre, le soir, plusieurs roses privées de leurs feuilles sous une cloche de verre close hermétiquement. Pendant la nuit, ces roses absorbent l'oxygène de l'air contenu dans la cloche, et rendent en échange de l'acide carbonique; si le lendemain on en approche une bougie allumée, elle s'éteint. Ainsi s'explique comment certaines fleurs oubliées dans une pièce ont pu causer des nausées, des vertiges, ou même devenir une occasion de mort.

Il ne faudrait pas, toutefois, qu'une assimilation exagérée vous fît attribuer à l'odeur, isolée de la plante, les dangers qu'elle peut offrir, quand elle en fait partie, puisqu'il y a en moins l'adultération de l'air par la décomposition de son oxygène. Aussi, je ne sache pas que jamais pot de pommade, quel que fût son arome, ait été accusé de méfaits analogues à ceux dont nous venons de parler.

L'abus des parfums, s'il ne s'attaque pas directement à la santé, ne doit pas pour cela être réputé exempt de toute espèce d'inconvénients. Nul doute, par exemple, qu'il ne finisse à la longue par jeter l'esprit et le corps dans une sorte d'alanguissement, en même temps qu'il éveille les appétits érotiques. La science des philtres et des liqueurs ambrosiaques ne fut autre, à Rome, que l'art de faire entrer certains aromes dans certains breuvages. Ils ne l'ignorent pas ces Asiatiques qui, pour engourdir la femme dans l'esclavage du harem, l'entourent d'une atmosphère toute imprégnée de voluptueuses effluves. Rappellerai-je que la cour parfumée de Louis XV fut, entre toutes, une cour efféminée?

Ces caractères énervants sont surtout le propre des odeurs fines ou un peu fades, telles que celles de la rose, du lis, du jasmin et de la tubéreuse; n'oublions pas la muscade, qui valut aux *roués* du Directoire l'épithète qui leur a survécu. Quant aux odeurs aromatiques et fortes, telles que celles qu'on retire de la lavande, du thym, de la menthe et de la verveine, elles ont plutôt quelque chose qui ranime et qui restaure : un degré de plus, et elles pourront devenir un stimulant efficace du cerveau. C'est ainsi qu'il suffira de faire respirer du sel anglais (*acide acétique*) ou de l'ammoniaque (*alcali volatil*) pour prévenir ou dissiper un évanouissement.

V

CARACTÈRE ANTIPUTRIDE DES ODEURS.

Pourquoi l'Égypte a été la terre classique des embaumements ;
danger des matières animales en décomposition ; insuccès de
l'embaumement dans nos contrées ; état des corps lors de
la violation des tombeaux de Saint-Denis ; explosion de
quatre bières dans l'église Saint-Paul ; empaillage humain ;
sang transformé en médaille ; méthode Gannal ; une exhumation après vingt-cinq ans d'embaumement ; coloration
noire de tout le corps ; barbe repoussée.

Parlerai-je du caractère antiputride des odeurs
et du rôle qu'elles jouent dans l'embaumement pour
farder la mort? Triste toilette! funèbres cosmétiques! Et cependant telle est, en pareil cas, leur importance qu'il me paraît difficile de ne pas en dire
quelques mots.

L'Égypte a été, de tous temps, la terre classique
des embaumements. C'est qu'en plus de certains
motifs religieux, de hautes considérations d'hygiène
exigeaient qu'on s'opposât à la fermentation putride
des matières animales, laquelle trouve un double
aliment dans la température élevée de l'atmosphère
et dans les inondations périodiques du Nil.

Rappelons, à ce propos, que l'Égypte n'est devenue le foyer de la peste qu'à dater du jour où à la
pratique des embaumements on substitua celle de
l'enterrement. En voici le motif. Les détritus végétaux ne peuvent produire que des fièvres plus ou

moins pernicieuses, tandis que les matières animales, au contraire, ont le fatal privilége de développer des maladies pestilentielles. Ce fait, sur lequel j'ai entendu mon maître et ami, l'illustre Pariset[1], s'expliquer bien des fois, vient de recevoir des événements une nouvelle et bien triste consécration. Qui ne sait que la dernière épidémie de choléra qui s'est abattue sur l'Europe nous a été apportée de la Mecque, où ce fléau est endémique, par suite du déplorable préjugé qui veut que les corps des animaux immolés au prophète restent exposés à l'action dissolvante de l'air?

Dans nos climats tempérés l'embaumement a été l'exception au lieu d'être la règle. C'est une science, du reste, où nous sommes loin d'avoir brillé, témoin le triste état dans lequel furent trouvées les dépouilles de nos rois lors de la violation des tombeaux de Saint-Denis? On n'a pas oublié non plus ce qui advint, sous Louis-Philippe, dans l'église Saint-Paul, convertie en chapelle ardente à la suite de l'attentat de Fieschi. Sur dix-neuf bières qui y furent déposées, quatre firent explosion en une nuit, et les fragments en furent projetés au loin, comme les débris d'une bombe qui éclate.

Quel contraste avec l'état si parfait de conservation où se rencontrent les momies égyptiennes!

C'est que, privés du natron, ce limon du Nil qui

1. Ni l'Égypte ni Barcelone n'oublieront de longtemps l'admirable dévouement dont il fit preuve en allant étudier la peste au fort même des épidémies qui, à deux époques rapprochées l'une de l'autre, y exercèrent tant de ravages.

représente ici l'élément antiputride, nous n'avons pu emprunter à l'Égypte que la partie barbare de l'opération. Ainsi après qu'on a enlevé le foie, la rate, les intestins, le poumon, le cœur et le cerveau, lardé les membres de profondes incisions, on fait macérer le corps dans un cuvier de saumure ; puis, le dégorgement obtenu, on le bourre d'aromates, terminant le tout par un emmaillottement avec des bandelettes. Et cela sous le prétexte d'empêcher notre dépouille mortelle de subir aucune atteinte ! N'est-ce pas un peu l'histoire d'Ugolin dont on a dit plaisamment — car de quoi ne plaisante-t-on pas ? — « qu'il mangeait ses propres enfants pour leur conserver un malheureux père ? »

C'est réellement chose affligeante que la facilité avec laquelle on coupe, on taille, j'ai presque dit on charcute notre pauvre espèce, dès qu'elle a cessé de vivre. Un chirurgien de Lausanne, Mathias Mayor, n'a-t-il pas sérieusement proposé de substituer à l'embaumement l'empaillage humain ? « Enlevez, disait-il, la peau de l'individu, tannez-la [1], puis servez-vous-en pour recouvrir un mannequin rappelant, autant que possible, sa corpulence et ses traits ; ce mannequin restera dans la famille, et deviendra ainsi à tout jamais l'hôte de la maison. »

C'est sans doute pendant une des insomnies que lui causèrent les lauriers de l'opérateur suisse, que

---

1. Il est de fait que la peau humaine se tanne parfaitement. J'ai encore chez moi l'échantillon que m'en remit Mathias Mayor ; il est couleur jaune paille, ferme et souple comme la plus belle peau de daim.

certain chimiste allemand (un nom aussi impossible à écrire qu'à prononcer), imagina d'extraire d'un cadavre tout le fer qu'il contient, pour en frapper une médaille à l'effigie du défunt. Cette médaille, d'après ses calculs que je ne me charge pas de vérifier, aurait les dimensions d'une pièce de cinquante centimes. On logerait ainsi très-facilement toute une collection d'aïeux dans un tiroir de son secrétaire.

Mais « enfin Gannal vint, » comme a dit Boileau d'un autre réformateur. Au lieu de ces mutilations sauvages ou de ces procédés burlesques, il se contenta de pratiquer une piqûre sur le trajet d'une artère, de manière à y faire pénétrer l'injection préservatrice. Cette injection, en prenant la place du sang dans tout l'appareil circulatoire, devait remplir sur le cadavre quelques-unes des fonctions de ce liquide sur le vivant, et assurer ainsi la conservation de l'individu.

Rien de plus simple, j'ajouterai rien de plus décent que cette méthode : c'est même ce qui lui a valu sa vogue. Mais atteint-elle réellement le but qu'on a en vue ? Bien que ce soit là une question que l'avenir seul devra résoudre, voici un fait qui me paraît de nature à en faire pressentir la solution.

Je fus chargé, dans le courant de l'année dernière (1865), de présider à l'exhumation d'un personnage bien connu qu'il y avait environ vingt-cinq ans, j'avais fait embaumer par Gannal lui-même. Au moment où la bière fut ouverte, il s'en échappa une odeur empyreumatique des plus fortes et des plus nauséabondes. Cependant les chairs, à part d'abondantes moisissures, me parurent intactes ; seulement, au lieu d'offrir cette sécheresse parcheminée qui est le cachet des momies, elles étaient mollasses, spongieuses et comme abreuvées de liquides. Mais ce qui me frappa le plus, ce fut la teinte incroyablement noire de la peau : on eût dit d'un nègre, et d'un nègre de la nuance la plus accentuée. La face surtout avait quelque chose de tellement saisissant qu'on avait peine à en supporter la vue. D'abord, la barbe avait crû dans une notable proportion [1] ; puis, deux grands yeux d'émail, presque entièrement sortis de leur orbite, vous regardaient fixement, tranchant par leurs reflets blancs et azurés sur la coloration d'ébène du reste du visage.

Mais voilà de bien lugubres tableaux pour un livre dont le sujet au contraire n'est rien moins que lugubre. Disons donc, et cette fois pour n'y plus revenir, qu'il est douteux que le procédé Gannal vous transmette sans avaries aux générations les plus reculées. Mais qu'importe ! Mieux vaut encore, suivant les paroles du texte sacré, « finir par retourner en poussière d'où on est sorti, » que de passer à l'état de pièce curieuse pour aller un jour orner les vitrines de quelque collectionneur ou de quelque musée.

---

1. Ce fait de croissance de la barbe après la mort, qu'on a depuis longtemps signalé, est ici d'autant moins douteux que, comme le corps devait avoir les honneurs d'une exposition publique, j'avais eu soin de la faire raser au moment de l'embaumement. Or, à l'ouverture du cercueil, elle se trouvait longue de près de deux centimètres ; les ongles avaient crû, de même, dans une notable proportion.

VI

CRIMES D'EMPOISONNEMENT IMPUTÉS AUX ODEURS.

Mort de Clément VII ; de Jeanne d'Albret ; d'Agnès Sorel ; de Gabrielle d'Éstrées ; détails sur cette dernière catastrophe ; Gabrielle épileptique ; le Florentin René ; ne pas flairer les fleurs sur leurs tiges ; larves d'insectes ayant pénétré dans les narines ; imputation d'empoisonnement.

Que penser du rôle que l'on a prêté aux odeurs dans l'accomplissement de certains crimes ? Est-il vrai qu'elles aient servi quelquefois de véhicule à des poisons si terribles, que leurs simples émanations tuaient avec la rapidité de la foudre ? L'histoire, à certaines époques, fourmille d'anecdotes de ce genre. C'est ainsi que Clément VII aurait été empoisonné par les vapeurs d'un cierge ; Jeanne d'Albret, par des gants parfumés ; Agnès Sorel, par une jacinthe ; Gabrielle d'Estrées, par une orange. Disons-le de suite, la plupart de ces faits manquent de preuves ou même paraissent dénués de tout fondement. Quant à la facilité avec laquelle ils ont été généralement accueillis, elle s'explique par ce besoin qu'a le vulgaire de voir dans la mort comme dans la naissance[1] de tout personnage marquant, quelque chose de mystérieux ou de terrible.

---

1. A propos, par exemple, de la naissance de Louis XIV, que n'a-t-on pas dit de certaines intrigues entre Buckingham et Anne d'Autriche, intrigues où ce pauvre Louis XIII aurait été complétement sacrifié ? Or il y avait *dix ans* que Buckingham

On ne saurait nier cependant que la catastrophe qui enleva si subitement Gabrielle d'Estrées, à la fleur de son âge et, on peut le dire, à l'apogée de sa puissance, ne fût de nature à justifier bien des soupçons. Voici, en effet, comment elle est racontée dans les *Mémoires* du temps :

« Gabrielle était allée passer la quinzaine de Pâques chez le riche banquier Zamet, lorsque, le Jeudi-Saint, elle fut, après dîner, faire un tour dans le parc. En traversant la serre, elle cueillit une orange. A peine l'eut-elle approchée de ses lèvres que son visage devint pourpre, puis livide ; en même temps elle fut prise d'une convulsion si violente que sa bouche se trouva presque entraînée en arrière de l'oreille, avec écume sanguinolente, grognements et suffocation. Peu de temps après, elle expirait. La décomposition fut si rapide que celle à qui Henri IV disait, la veille encore : « Quand je « mourrai, ma dernière pensée sera pour Dieu et « l'avant-dernière pour vous, » était devenue pour tous un hideux objet de répulsion et d'horreur. »

Certes, voilà une fin bien étrange. L'idée d'un empoisonnement dut d'autant mieux se présenter à l'esprit que la mort de Gabrielle était ce qui pouvait arriver de plus heureux pour l'État, en ce qu'elle sauvait la monarchie d'un immense scandale. « S'il est vrai, écrivait Tallemant des Réaux, que Sébastien Zamet ait donné du poison à Gabrielle, on peut

---

était mort (1628), assassiné par Felton, lorsque Louis XIV vint au monde (1638). C'est donc pousser par trop loin l'anglomanie que de vouloir créer ici des concordances impossibles.

dire qu'il rendit un grand service à Henri IV, car ce bon prince allait faire la plus grande de toutes les folies, celle de l'épouser. »

Comme on le voit, l'oraison funèbre n'est pas longue, et, lors même qu'il y eût eu crime, l'historien se montre tout prêt à l'excuser, sinon à l'absoudre. Mais y eut-il réellement crime? Cela me paraît fort contestable. D'abord nous ne connaissons aucun agent toxique capable de déterminer des accidents qui, soit par leur instantanéité, soit par leur mode de manifestation, puissent être comparés à ceux-là. Serait-ce qu'à cette époque, la science des poisons était plus avancée qu'elle ne l'est aujourd'hui? C'est bien plutôt l'inverse qui a lieu, par suite des merveilleux progrès de la chimie moderne.

Puis à quoi bon aller chercher des mystères et du drame, alors qu'il est si facile de tout expliquer naturellement? Nul doute que Gabrielle n'ait succombé à une attaque d'épilepsie. Ces convulsions, cette distorsion des traits, cette écume sanguinolente, ces grognements et ces suffocations, ne sont-ce pas là, pour l'œil exercé du médecin, tous les signes de cette épouvantable névrose? Quant à la rapidité de la décomposition, elle n'indique pas davantage une action vénéneuse. C'est là un caractère commun à toutes les morts qui enlèvent subitement l'individu, avant que la maladie n'y ait en quelque sorte préparé la constitution par l'amaigrissement des organes.

Je ne prétends pas, pour cela, qu'on doive traiter de fables tout ce qu'on raconte de ces sortes d'empoisonnements, et le nom du Florentin René sonne, comme un glas funèbre, dans l'histoire de la parfumerie. Ce que je veux dire seulement, c'est que, quand il se déclare tout à coup des accidents qui, par leur aspect et leur gravité insolites, peuvent prêter aux incriminations, on est très-exposé à prendre le change sur la cause réelle qui les a produits. Je citerai comme exemple le fait suivant:

Je fus mandé, il y a peu de temps, pour une toute jeune fille qui, depuis quarante-huit heures, éprouvait dans la tête et surtout dans la région du front des douleurs insupportables. Ces douleurs s'étaient déclarées tout à coup au milieu de la santé la plus florissante et ne s'accompagnaient d'aucun trouble fonctionnel. Ainsi l'appétit était resté bon ; pas de fièvre ; rien de changé dans l'expression des yeux ni des traits : c'était un mal tout local. Je ne savais donc trop à quel diagnostic m'arrêter, lorsque j'aperçus de tout petits vers blancs s'échapper de l'orifice des narines de la jeune fille. J'appris alors que, la veille du jour où elle était tombée malade, elle était allée à la campagne, et que là, elle s'était amusée à flairer des fleurs sur leur tige. Le mot de l'énigme était trouvé. Évidemment, en respirant l'odeur de ces fleurs, elle avait respiré en même temps des larves d'insectes déposées dans leurs corolles, lesquelles larves, en se développant dans les cavités nasales et jusque dans les sinus frontaux, avaient amené les douleurs qui m'avaient tant intrigué. La preuve que telle était bien la cause de ces douleurs, c'est qu'ayant provoqué, à l'aide de fumigations, la sortie de ce qui restait de petits vers, le mal de tête se dissipa comme par enchantement et tout rentra dans l'ordre.

Supposons maintenant qu'il se fût agi d'un enfant dont on aurait eu quelque intérêt à se défaire, et que la mort, comme on en a vu des cas, fût arrivée par la rétention et le développement de ces larves, ne se serait-on pas cru en droit de crier à l'empoisonnement par une fleur?

VII

DES ODEURS COMME PRÉSERVATIF DE LA CONTAGION.

Peste de Marseille; quatre émules de M. de Belzunce; trois de pendus; un de gracié; origine du vinaigre des quatre voleurs; des miasmes; fumigations contre le choléra; immunité des parfumeurs; inconvénients du camphre.

Si les odeurs ont leurs légendes comme arme politique ou comme instrument de vengeances particulières, elles ont leurs légendes aussi comme agent préservatif de certains miasmes contagieux. Témoin ce qu'on raconte de la peste de Marseille.

C'était en 1720. Quatre hommes, au milieu de l'épouvante générale, se faisaient surtout remarquer par leur dévouement et leur sang-froid; ils semblaient même vouloir lutter d'héroïsme avec l'évêque de Belzunce. Seulement, tandis que le saint prélat arrivait toujours chez les malades les poches pleines et s'en retournait les poches vides, ses quatre émules, au contraire, arrivaient toujours les poches vides et s'en retournaient les poches pleines. D'où venait cette différence? Il ne fallut pas grands frais d'imagination pour en deviner la cause : c'étaient des voleurs. On leur fit de suite leur procès. Or, comme on ne connaissait pas encore les circonstances atténuantes, sans quoi ils en eussent probablement bénéficié, ils furent condamnés à être pendus. Trois déjà avaient subi leur peine, et le quatrième allait y passer à son tour, lorsqu'on lui accorda un sursis sur sa demande de faire une communication importante. Et en effet il déclara que, si lui et ses acolytes avaient pu braver impunément la contagion, c'était grâce à certain préservatif qu'il ferait connaître, à la condition qu'on lui garantît la vie sauve. Cette condition acceptée, il indiqua la recette du fameux vinaigre qui, aujourd'hui encore, s'appelle « vinaigre des quatre voleurs, » en souvenir des honnêtes industriels qui l'avaient inventé.

A en juger par les ingrédients[1] dont il se compose, je présume qu'on surfit quelque peu ses vertus prophylactiques. Peut-être même le service le plus net qu'il rendit à nos quatre philanthropes, fut-il d'en préserver un de la corde. Cependant il n'est pas prouvé pour moi qu'on doive dénier aux odeurs toute efficacité contre les miasmes.

Qu'est-ce, en effet, qu'un miasme? Évidemment ce ne peut être que quelque germe répandu dans

---

1. Il y entre une quinzaine de substances, dont les principales sont : la cannelle, le girofle, le romarin, la sauge, la menthe, la lavande, l'ail et le camphre.

l'air, lequel germe représente l'élément inoculable de la maladie dont il est le produit. Or, dans l'ignorance où nous sommes sur sa nature intime, qui sait si certaines émanations aromatiques n'auraient pas le privilége de le décomposer ou du moins d'en neutraliser les effets? La théorie des fumigations, comme mode d'assainissement et de purification, repose tout entière sur la réalisation possible de cette hypothèse. Sans doute on n'y a plus aujourd'hui la même foi qu'autrefois; il s'en faut pourtant qu'elle ait perdu toute créance.

Ainsi on a récemment essayé, à Marseille, de combattre le choléra à l'aide de grands feux allumés sur les places publiques; on y brûlait surtout des matières odorantes. D'après la diminution survenue dans la mortalité, il semble que ce moyen n'ait pas été sans offrir une utilité réelle. On voulut de même pratiquer des fumigations à l'intérieur des appartements; mais ici l'adultération de l'air par la combustion de l'oxygène neutralisa les bons effets du traitement : aussi fut-on obligé de leur substituer l'emploi du brûle-parfums de Rimmel ou même de simples aspersions aromatiques.

Si jamais, ce qu'à Dieu ne plaise, le choléra devait encore venir nous visiter, je crois qu'on pourrait effectivement tirer un parti avantageux des odeurs. D'ailleurs, dans l'impuissance où l'on est de le guérir, pourquoi négliger un moyen, quelque incertain qu'il soit, de le combattre? On a remarqué, dans les épidémies précédentes, que les parfumeurs avaient joui pour la plupart d'une immunité véritable. Je conseillerais donc de créer, à l'intérieur même des maisons, une sorte d'atmosphère rappelant celle qu'on respire dans leurs officines. Surtout on s'abstiendrait du camphre, car le camphre est un des plus puissants stupéfiants du système nerveux [1]; or le choléra, quelle que soit d'ailleurs sa nature intime, a pour manifestation dominante une immense stupeur de tout l'organisme.

VIII

RÉSUMÉ DES ODEURS.

Il en est des odeurs comme des langues d'Ésope; plus utiles toutefois que nuisibles; parfums des déesses et des grandes dames; trait d'*humour* britannique.

L'histoire des odeurs est un peu, a-t-on dit, celle des langues d'Ésope. Sous bien des rapports, c'est la meilleure des choses; sous bien d'autres aussi, c'est la pire. Nous venons de voir qu'elles ne méritent

Ni cet excès d'honneur ni cette indignité.

Ajoutons même, pour être équitables, que la somme des services qu'elles rendent ou des jouissances qu'elles procurent l'emporte de beaucoup sur celle des maux qu'elles peuvent occasionner. Seulement tout dépend du choix qu'on en sait faire. Quand, dans Homère, les déesses quittent l'Olympe pour venir se mêler aux mortels, on reconnaît la

---

1. De là cet ancien dicton :

    Camphora per nares castrat odore mares;
    Le camphre respiré fait de l'homme un eunuque.

trace de leur passage à la nature particulière de l'arome qu'elles laissent après elles. Il en est un peu de même de la femme comme il faut qui se rend en soirée, la délicatesse de son parfum étant une sorte d'indice de la noblesse de sa condition.

Qu'il soit bien compris toutefois que nos sympathies pour les odeurs ne vont pas jusqu'à vouloir, avec le docteur Andrew Winter, que chaque femme en adopte tout spécialement une, suivant les circonstances d'âge, de joie ou de tristesse où elle se trouve. « Pourquoi, dit-il, ne reconnaîtrions-nous pas nos belles amies aux parfums délicats qui les entourent, comme nous les reconnaissons au doux son de leur voix? Il est pour chaque individualité une odeur qui semble lui appartenir : à la femme spirituelle, le jasmin; à la femme brillante, le magnolia; à la femme faite, le musc; à la jeune fille dans la première fleur de sa beauté, la rose : les émanations du citron conviennent mieux aux natures mélancoliques, et il y a dans l'héliotrope comme une note triste qui sied à la jeune veuve. »

C'est par ce trait d'*humour* britannique que nous terminerons ce que nous avions à dire des odeurs. Je sais qu'il est de bon ton aujourd'hui, surtout parmi les hommes, d'affecter envers elles le dédain le plus superbe; mais il me semble que c'est un peu intervertir les rôles : car enfin, vous qui vous montrez si impitoyable à leur endroit, êtes-vous donc sûr de n'avoir rien à vous faire pardonner, soit pour le cigare, soit même, hélas ! pour la pipe ?

QUATRE GROUPES

DE COSMÉTIQUES.

Sortons maintenant de ces généralités, et, pour voir notre héroïne à l'œuvre, étudions l'un après l'autre les divers cosmétiques dont elle affectionne plus particulièrement l'usage. C'est là, je ne l'ignore pas, une tâche un peu compliquée. Aussi, pour ne rien négliger d'essentiel, et mettre, en même temps, un peu d'ordre dans cette revue, classerons-nous les produits dont nous avons à parler en quatre groupes : 1° *Cosmétiques de la peau;* 2° *Cosmétiques de la bouche;* 3° *Cosmétiques de la face;* 4° *Cosmétiques de la chevelure.*

PREMIER GROUPE.

COSMÉTIQUES DE LA PEAU.

Les soins journaliers que réclame l'entretien de la peau sont tellement passés dans nos habitudes et dans nos mœurs, qu'ils constituent, on peut le dire, le cachet de toute bonne éducation; ils forment

de même la base de toute hygiène, en maintenant la
surface de cette membrane dans un état de netteté
qui, seul, peut garantir l'exercice normal de ses fonctions. Or, telle est l'influence de celles-ci sur la santé
générale, qu'il me paraît difficile de ne pas tout
d'abord en dire quelques mots.

I

FONCTIONS DE LA PEAU.

La peau, appareil de perception ; ses papilles nerveuses ; la peau,
appareil d'élimination et d'absorption ; ses pores ; expériences
de Magendie sur la perméabilité de l'épiderme ; lapins enduits de vernis ; habillés de caoutchouc ; leur triste fin.

La peau n'est pas seulement cette enveloppe protectrice de tout notre être que distinguent la
finesse de son tissu et l'heureuse diversité de ses
nuances ; elle est, de plus, un appareil de perception
dont les instruments ne sont autres que les papilles
nerveuses qui forment à sa surface une véritable
trame. Ces papilles ne sont elles-mêmes que l'épa-
nouissement des nerfs émanés du cerveau ou y
aboutissant, chaîne merveilleuse par laquelle c
monde physique se relie au monde sensorial. Et
pour les garantir du contact trop brutal des agents
du dehors, une sorte de vernis diaphane, l'épiderme,
protége, sans l'amoindrir, leur exquise impressionnabilité.

Enfin la peau a pour fonction incessante d'éliminer certains principes et d'en absorber certains autres

dans des proportions dont le juste équilibre constitue la santé. C'est par l'intermédiaire des milliers de petites ouvertures dont elle est criblée et que l'on appelle « pores, » que s'opère cette double et délicate fonction. On ne saurait donc veiller avec trop de soin à ce que sa surface soit toujours parfaitement lisse, le moindre obstacle apporté à sa perméabilité pouvant devenir l'occasion de troubles plus ou moins graves. Je citerai, comme preuve, l'expérience suivante que j'ai répétée nombre de fois avec mon illustre maître, Magendie, à l'époque où je publiais son cours au Collége de France.

Nous revêtîmes le corps de lapins et autres animaux d'un enduit visqueux, tel qu'une dissolution concentrée de gomme, de gélatine ou de térébenthine. Ces substances, fort innocentes de leur nature, agglutinaient les poils et, en se desséchant, emprisonnaient l'animal tout entier, moins sa face, dans une coque imperméable. Par ce procédé, les mouvements de la poitrine et le jeu des principaux organes n'éprouvaient point d'entraves : la peau seule ne communiquait plus avec l'atmosphère. Ces animaux moururent, eu peu d'heures, comme s'ils étaient asphyxiés.

Pour être bien sûrs que nous ne nous méprenions pas sur la cause de ces accidents, nous substituâmes aux enduits de petits costumes, et, qu'on me pardonne l'expression, de véritables *dominos* d'étoffes imperméables dites de caoutchouc, qui nous servirent à habiller d'autres animaux, de manière à intercepter de même tout accès de l'air extérieur.

Ces animaux s'en trouvèrent également très-mal ;
quelques-uns même finirent aussi par succomber.
Ajoutons que tous, dans cette expérience comme
dans la précédente, éprouvèrent un abaissement très-
marqué de leur température normale.

Ainsi, dès l'instant où les fonctions perspiratoires
de la peau sont troublées ou suspendues par l'oblitération de ses pores, toute l'économie s'en ressent.
Notre héroïne est donc parfaitement dans son droit
en faisant intervenir les cosmétiques appropriés, ne
fût-ce que pour éviter le sort des lapins de Magendie.

II

SAVON.

Importance de ses usages ; savons durs ; savons mous ; un
bienfaiteur de l'humanité ; savons transparents ; savons à
la graisse de cheval ; savons *à chaud* et savons *à froid ;* comment les distinguer ; supériorité des savons français ; savons
allemands ; savons de Windsor ; savons à base soi-disant végétale ; savons à l'huile de coco ; savons roses colorés par le
mercure ; principes colorants des autres savons.

De tous les cosmétiques, la savon est sans contredit le premier comme le plus indispensable. Il
dissout les substances provenant soit du dehors, soit
de la peau elle-même, ces dernières étant pour la
plupart insolubles dans l'eau pure. Son emploi ne
saurait donc être remplacé par rien.

Nous avons vu qu'il entrait également dans la
toilette des dames romaines ; seulement, au lieu de

cette pâte moelleuse et fine qui distingue nos savons actuels, c'était un grossier mélange de graisse de chevreau et de cendres de hêtre. C'est qu'on ne savait pas encore extraire de ces cendres le principe alcalin qui, seul, en constitue la partie saponifiable. Il y avait donc entre ces deux savons toute la distance qui sépare le pain blanc du pain de munition.

Nous avons vu aussi que le savon en usage à Rome était mou ou semi-liquide. C'est que l'alcali contenu dans les cendres est de la potasse, et qu'avec de la potasse on ne peut faire que des savons sans consistance. Le nôtre est dur, parce qu'au lieu de potasse nous employons la soude. Quand nous voulons obtenir des savons mous, ce qu'on appelle de la *crème*, de la *mousse* de savon, à la soude nous substituons la potasse.

Ce fut, assure-t-on, un Marseillais qui, vers la fin du moyen âge, découvrit qu'il suffisait de mettre un corps gras en contact avec un sel alcalin, pour obtenir un composé soluble dans l'eau et parfaitement apte à nettoyer les étoffes [1]. Or, des étoffes à la peau la transition était facile. L'histoire n'a pas conservé le nom de ce bienfaiteur de l'humanité, car c'en fut un, tout ce qui rend la propreté accessible à tous contribuant puissamment à l'entretien de la santé; mais soyez sûr que, par un sort commun aux inven-

---

1. Quand, pour enlever une tache de graisse d'une étoffe, vous employez une eau dite « à détacher, » vous faites un savon, cette eau contenant toujours quelque sel alcalin qui, de même que dans le procédé découvert par notre Marseillais, se combine avec le corps gras et le rend soluble.

teurs, il aura vécu pauvre et sera mort ignoré de ceux-là mêmes à qui il léguait ainsi toute une source de richesses incalculables. Marseille, en effet, est restée la métropole de la fabrication des savons, privilége qu'elle doit surtout à l'huile d'olive et autres que lui fournit son sol en abondance.

Toutefois, les graisses convenablement dépurées peuvent sans désavantage remplacer les huiles. Je rappellerai à ce propos, et je suis sûr que MM. les hippophages l'apprendront avec plaisir, qu'avec la graisse de cheval on peut faire d'excellent savon.

Aujourd'hui la science des savons semble avoir atteint ses dernières limites de perfectionnement. Qu'y a-t-il, par exemple, de plus ravissant à l'œil que ces savons transparents qui brillent dans nos étalages et qu'on dirait préparés avec l'ambre le plus pur? Combien d'autres encore réunissent l'éclat de la forme à la suavité de l'arome!

Malheureusement le progrès a, comme toujours, engendré la fraude. Ainsi notre héroïne n'est pas sans avoir remarqué que certains savons laissent après eux une sensation douce et veloutée, d'autres, au contraire, une sensation âpre et sèche. Il va sans dire que je mets ici hors de cause ces savons « ponces » et autres du même genre qui, par les poudres qu'on y incorpore, agissent à la manière d'une lime ou d'une râpe. Non. Je parle seulement de ceux qu'on appelle d'habitude « savons de toilette. » Or, ces différences dans la sensation qu'ils déterminent tiennent à des artifices de fabrication. Dans le premier cas, on a poussé l'ébullition assez loin pour faire disparaître de la pâte toute trace d'élément caustique : ce sont les savons *à chaud*. Dans le second, on s'est maintenu à une température presque basse, quitte à laisser dans la pâte un excès de causticité : ce sont les savons *à froid*. Les premiers offrent seuls les qualités désirables. Quant aux seconds, ils brûlent les mains ou du moins leur communiquent cette teinte rougeâtre[1], cachet de nos cuisinières, mais effroi de nos élégantes : il est vrai que, comme compensation, ils accroissent considérablement les bénéfices du vendeur.

Le choix d'un bon savon, d'un savon réellement hygiénique, est donc chose très-sujette à caution. Ce qui ajoute encore ici à la difficulté, c'est qu'il n'existe aucun caractère extérieur qui permette de distinguer, à première vue, un savon à chaud d'un savon à froid : ce n'est, à vrai dire, qu'à l'usé, par conséquent, lorsqu'il est déjà trop tard, qu'on sait à quoi s'en tenir sur leur composition respective. Voici cependant quelques signes auxquels vous pourrez reconnaître qu'un savon est de bonne qualité :

Sa pâte est d'une homogénéité parfaite. Mis dans l'eau, la dissolution ne pénètre pas au delà de sa surface. La mousse qu'il forme est onctueuse; elle persiste assez longtemps et fond sans laisser de résidu grumeleux sur la peau. Exposé à l'air, il sèche un peu lentement mais bien, et conserve jusqu'à la fin toute la suavité de son parfum.

Surtout n'allez pas, en désespoir de cause, faire

---

1. Employés pour la barbe, ces savons à froid déterminent le plus souvent ces rougeurs et ces éruptions de la face, désignées improprement sous le nom de « feu du rasoir. »

venir vos approvisionnements du dehors. C'est en France, incontestablement, que se fabriquent les meilleurs savons; leur supériorité est même si bien reconnue, qu'il s'en expédie, tous les ans, des masses énormes pour l'étranger[1].

L'Allemagne ne produit généralement que des savons à froid. Il en est à peu près de même de l'Angleterre. Aussi les fameux savons dits « de Windsor » qui, sous forme de pains ou de barres, ont, depuis le traité de libre échange, littéralement inondé nos marchés, voient-ils chaque jour décliner la vogue qu'ils avaient si injustement usurpée parmi nous.

Comment expliquer qu'il se rencontre des savons caustiques parmi ceux dont les noms, empruntés aux plantes les mieux famées (mauve, guimauve, laitue, thridace, etc.), portent en quelque sorte avec eux leur certificat d'onctuosité? Ne semble-t-il pas que ces savons devraient recevoir du végétal qui leur abandonne ses sucs, quelques-unes de ses qualités les plus essentielles? Cela serait vrai si ces sucs y existaient réellement; mais ce sont autant de mythes, absolument comme le miel dont le nom figure de même sur des savons qui n'en renferment pas un atome.

Ces licences d'appellation (pour employer un mot poli) sont communes, du reste, à bon nombre d'in-

---

1. D'après les relevés que j'ai sous les yeux des chiffres d'exportation de nos grandes maisons de parfumerie, la seule maison Ed. Pinaud a expédié, l'année dernière, plus de cent cinquante mille kilogrammes de savons, ce qu'explique, du reste, leur qualité tout à fait exceptionnelle.

dustries. C'est ainsi que nos confiseurs débitent des « sucres d'orge » qui ne contiennent pas d'orge, des « sucres de pomme » qui ne contiennent pas de pomme. Et nos pharmaciens, se font-ils donc faute de délivrer de prétendues « pâtes de jujube et de lichen » dont le lichen et la jujube sont également absents? Ne nous montrons donc pas trop sévère pour nos parfumeurs, à qui nous n'aurons bientôt que trop d'occasions d'adresser de beaucoup plus graves reproches. D'ailleurs leurs étiquettes peuvent à la rigueur passer pour de simples enseignes. Quand ils disent : « savon à la mauve » ou « à la guimauve, » n'est-ce pas un peu comme s'ils disaient : « savon au coq hardi » ou « à l'image Saint-Pierre? »

S'il faut se défier de l'amorce de certains noms, il faut se défier également de certaines séductions de bon marché. Vous verrez des savons à l'huile de coco dont le volume et la belle apparence, comparés à leurs bas prix, sont réellement quelque chose de très-tentant. Or, ce volume et cette belle apparence, ils la doivent à la quantité énorme d'eau qu'ils retiennent dans leur pâte. A peine voudrez-vous vous en servir, qu'ils fondront comme la neige entre vos mains mal nettoyées, laissant après eux une odeur désagréable, que vous aurez ensuite beaucoup de peine à faire disparaître.

Il n'est pas jusqu'à la couleur des savons contre laquelle on ne doive se tenir en garde. Beaucoup de personnes, les femmes en particulier, ont une préférence marquée pour les savons roses. Cela se comprend, ces savons ayant quelque chose de suave, je dirais presque quelque chose de jeune, qui plaît et qui flatte. Mais si la rose leur abandonne ainsi de son parfum, n'allez pas en conclure que ce soit elle également qui leur communique leur couleur. Non ; cette couleur ils la doivent au vermillon, c'est-à-dire à un sel de mercure. Sachez encore que c'est le vermillon qui colore en rose les savons légers pour bain. Toute personne qui fait sa toilette avec ces savons ou qui les mélange à l'eau de sa baignoire, s'administre donc une double lotion mercurielle. Il y a là certainement matière à réflexion.

On dit à cela que la proportion de mercure contenue dans ces savons est trop minime pour pouvoir sérieusement nuire. Qu'en savez-vous? L'agent vénéneux se trouve précisément dans les conditions les plus favorables pour être absorbé, puisque, par le fait des lavages auxquels il contribue, les pores sont plus largement ouverts. Nul doute, par conséquent, qu'encore bien qu'il soit insoluble, il n'en pénètre plus ou moins dans l'économie; c'est donc une simple question de quantité. Or, quand on se rappelle combien certaines organisations sont impressionnables[1] au terrible métal, on ne peut se défendre d'une certaine appréhension qui, pour celles-là du moins, ne saurait être tout à fait sans fondement.

Mais on se garde bien de vous donner l'éveil. Croyez-vous, par exemple, que si, au lieu d'intituler

---

1. On a cité, et j'ai vu moi-même, des personnes chez lesquelles il suffisait d'une seule cautérisation avec le proto-nitrate acide de mercure pour amener une salivation immédiate.

ces savons : « savons à la rose, » on les intitulait : « savons au mercure, » ce qui serait tout aussi exact, car il n'y a pas de raison pour prendre l'odeur comme caractéristique plutôt que la couleur ; croyez-vous, dis-je, que, si on les intitulait de la sorte, votre enthousiasme à leur endroit ne serait pas singulièrement refroidi ?

Ceux de nos parfumeurs à qui j'en ai parlé m'ont tous fait à peu près la même réponse. S'ils se servent ainsi de sels métalliques, c'est, disent-ils, parce que les alcalis et les essences qui entrent dans la confection des savons attaquent les teintures végétales et les décomposent. Cela est vrai. Aussi, ce que je blâme, c'est moins encore le choix de la substance que l'espèce de mystère dont on s'entoure, laissant entendre par des demi-mots, sinon par des affirmations positives, que leur principe colorant provient du règne végétal.

Les personnes que le mercure effraye ont, du reste, parfaitement de quoi choisir parmi les autres savons. Ainsi les savons verts doivent leur teinte à l'oxyde de chrôme ; les savons jaunes, à l'huile de palme ; les savons bruns, au caramel, et les savons violets à l'aniline ; toutes substances des plus inoffensives.

Il y a enfin les savons blancs. Ceux-là les parfumeurs les recommandent fort peu, sous prétexte qu'ils se conservent moins bien que les savons colorés. Ne serait-ce pas plutôt que l'absence de couleur permettrait trop bien de s'apercevoir quand ils commencent à s'altérer ou à vieillir ?

III

PETITS COSMÉTIQUES.

Pâte d'amandes ; son utilité contre les températures extrêmes ;
suif ; huile rance ; suc de citron ; vinaigre de rouge ; henné.

Un mot seulement sur certains petits cosmétiques
tellement anodins que j'hésite presque à leur accorder une simple mention.

L'habitude qu'ont nos Parisiennes de terminer
leur toilette des mains par un peu de pâte d'amandes
repose sur une observation assez juste. Il est de remarque, en effet, que, quand la peau a été trop
complétement privée de l'onctuosité qui lui est
propre, elle se dessèche facilement à l'air, et acquiert quelque chose d'un peu rude. La pâte d'a-
mandes obvie à cet inconvénient en abandonnant de
son albumine végétale, laquelle constitue, de plus,
un parfum fort agréable.

Cette pâte n'est autre que l'amande elle-même,
finement pulvérisée, dont on a extrait en grande
partie l'huile essentielle : mais presque toujours celle
qui se débite dans le commerce est sophistiquée à
l'aide de fécules plus ou moins grossières. Rien n'est
rare comme d'en rencontrer de pure.

C'est pendant les grands froids comme pendant
les grandes chaleurs qu'il peut être utile d'y avoir
recours. les températures extrêmes ayant pour
même résultat de saisir la peau et de la gercer.

Bien entendu toute autre substance, pourvu qu'elle soit grasse, pourra être substituée à la pâte d'amandes. Les habitants du Nord, obligés de lutter sans cesse contre les rigueurs de leur climat, ont en grande estime le suif, dont ils apprécient d'autant plus les mérites qu'il leur revient à vil prix ; semblables raisons d'économie font que les Hottentots et les Cafres, sous leur ciel embrasé, préfèrent l'huile de palme; plus même cette huile est rance, mieux elle les protége contre la piqûre insupportable des moustiques, qui en redoutent la fétidité. Nos élégantes, ayant moins d'ennemis à combattre, y mettent nécessairement plus de façons ; si, en outre, elles choisissent des cosmétiques moins accentués, c'est qu'elles n'ont pas tout à fait les mêmes idées que ces peuples sur les odeurs.

La plupart d'entre elles se frictionnent les ongles avec du suc de citron : sa légère acidité donne plus de relief à leur transparence naturelle, ce qui est un agrément de plus.

Il en est d'autres qui ont recours au « vinaigre de rouge. » Elles réalisent ainsi, du moins elles s'en flattent, la gracieuse image des « doigts de rose » dont tous les poëtes, depuis Homère, se sont plu à gratifier l'aurore.

Les femmes de l'Orient, de temps immémorial, se servent du henné (*hacopher* des Hébreux, κύπρος des Grecs), arbuste qui leur communique une couleur de pourpre. Elles exagèrent ainsi un résultat qu'il est peut-être plus habile de savoir simplement atteindre. Du reste, ceci est leur affaire.

IV

BAINS PARFUMÉS.

Médée fait bouillir Éson avec succès ; échec des filles de Pélias
sur leur père ; Circé et Ulysse ; Poppée et ses cinq cents
ânesses ; Mme Tallien ; lait virginal ; bains dits de beauté ;
une blanche métamorphosée en négresse.

Notre héroïne aime les bains avec passion, et il
est rare qu'elle ne les parfume pas à l'aide de quelques mélanges. Mais ces mélanges ne sont rien à
côté des recettes des anciens, certaines, assure-t-on,
ayant eu le privilége de garantir le corps des in-
jures des ans. Ainsi s'expliqueraient les miracles opérés par Médée sur le vieil Éson et sur d'autres encore. Malheureusement il fallait, pour que le charme
opérât, que l'individu fût tout d'abord désarticulé,
afin de pouvoir *mijoter* plus commodément dans la
chaudière où se trouvaient les herbes. Cette forma-
lité, non moins que l'échec éprouvé par les filles de
Pélias sur leur père, dont les membres rajeunirent,
il est vrai, mais ne purent se rejoindre, dut empêcher
la méthode de se vulgariser ; aussi n'en est-il plus
question dans les temps qui suivirent. L'enchante-
resse Circé se contente, dans Homère, de faire
épancher sur la tête d'Ulysse de précieuses essences,
et la célèbre Poppée n'eut d'autres artifices pour
conserver sa beauté que des bains de lait d'ânesses :
il est vrai que ces ânesses étaient au nombre de cinq

cents, qu'on les nourrissait de plantes aromatiques et qu'elles la suivaient partout dans ses voyages.

Que nous sommes loin aujourd'hui de tous ces raffinements plus ou moins mythologiques ! On parle bien encore des « bains de lait » de Mme Tallien ; mais peut-être déjà, sous le Directoire, désignait-on ainsi des bains préparés non pas avec du lait naturel[1], mais simplement avec du lait virginal.

Du lait virginal ! Que faut-il entendre par ces mots? Beaucoup moins peut-être que vous ne seriez tenté de le croire, ce prétendu lait étant tout simplement de la teinture de benjoin qu'on ajoute à de l'eau ordinaire et qui, en se décomposant, précipite son huile essentielle sous l'aspect d'une liqueur lactescente. Je ne nie pas qu'un bain, additionné de la sorte, ne puisse avoir son charme et son utilité, le benjoin étant un excellent cosmétique de la peau : seulement prenez garde aux sophistications. Il en est une principalement que je ne saurais mieux vous faire connaître qu'en citant le fait suivant, que je tiens de la bouche même d'Alibert :

J'avais, racontait-il, prescrit à une jeune femme, qui était venue accidentellement me consulter, un bain de Baréges, lorsque je reçus d'elle un billet ne contenant que ces mots : « Accourez vite. Votre bain m'a empoisonnée. J'ai déjà le corps tout noir. » Je me hâtai, comme bien vous pensez, de me rendre à

---

1. Cependant les mauvaises langues du quartier désignaient sous le nom de *laitière de la directrice* une marchande qui, assurait-on, débitait à ses pratiques le lait dont Mme Tallien avait eu déjà la primeur.

son appel, et je reconnus qu'effectivement sa peau était devenue celle d'une négresse. Mon premier soin fut de me faire présenter la bouteille qui avait servi à préparer le bain; je n'y vis absolument rien de particulier. Mais, à côté, se trouvait une fiole sur laquelle je pus lire : *Bain de beauté*, et qui contenait encore quelques cuillerées d'un liquide blanchâtre. Je sus alors de la femme de chambre que, la veille du jour où sa maîtresse avait pris le bain de Barèges, cause de tant d'effroi, elle en avait pris un autre dans lequel on avait versé le contenu de cette fiole. Ce fut pour moi toute une révélation. Revenu près d'elle, je lui dis : « Rassurez-vous. Un troisième bain, rendu légèrement acidule, va faire disparaître les ravages des deux premiers, ou plutôt du premier, car celui-là seul est coupable de votre métamorphose. Il contenait du plomb qui, s'étant attaché à votre corps, s'est combiné le lendemain avec le soufre que renferme toute eau de Barèges. » Et, pour qu'il ne subsistât aucun doute dans son esprit, je fis tomber dans la fiole ce qui restait d'eau de Baréges de la bouteille : le mélange à l'instant devint noir comme de l'encre. C'était là un de ces arguments péremptoires auxquels il n'y a rien à répondre. Aussi la jeune femme, complétement rassurée, rit-elle volontiers de sa mésaventure,

Jurant, mais un peu tard, qu'on ne l'y prendrait plus.

Peut-être cependant fit-elle mentalement la réserve qu'une autre fois, du moins, elle saurait mieux choisir.

Que cet exemple non plus ne soit pas perdu pour nos Parisiennes. De nombreuses analyses ont appris que, de quelque nom qu'on les décore, beaucoup de ces laits, plus ou moins virginaux, sont saturés de plomb. Or, il n'y a rien de bon à gagner pour la santé à ce commerce habituel avec les poisons.

V

VINAIGRE CONTRE LES CORS.

Sa formule ; c'est un poison de la pire espèce ; guérisons
par trop radicales.

Une digression — car je ne saurais légitimement ranger parmi les « cosmétiques de la peau » le produit dont je viens de transcrire l'étiquette. Et cependant, puisqu'on s'obstine à l'y faire figurer, il faut bien que j'en dise quelques mots.

Vous n'êtes probablement pas sans avoir entendu vanter certain *vinaigre résolutif et fondant contre les cors*. Voici la recette qu'en donne le MANUEL DU PARFUMEUR ; voici surtout l'étrange commentaire dont il l'accompagne :

« Mêlez, par parties égales, du nitrate acide de mercure et du vinaigre rouge, coloré par l'orcanète. L'addition de cette orcanète a pour but de déguiser le nitrate acide de mercure aux acheteurs qui pourraient être effrayés par son nom, car, seul, ce nitrate acide guérit *parfaitement* et *radicalement* les cors et verrues. »

Ainsi, vous reconnaissez vous-même que votre

vinaigre est un poison de la pire espèce. Seulement pour être plus sûr, sans doute, qu'on ne pourra ni s'en défendre ni même s'en défier, vous lui donnez un déguisement et l'affublez d'un faux nom. Franchement, ceci est par trop fort! Quant aux guérisons *parfaites* et *radicales* dont vous vous portez garant, peut-être êtes-vous plus dans le vrai que vous ne vous en doutiez vous-même, en soulignant ces mots, car on a vu effectivement votre vinaigre déterminer des accidents de telle nature qu'il dispensait à tout jamais d'aucun autre traitement.

DEUXIÈME GROUPE.

COSMÉTIQUES DE LA BOUCHE.

Les cosmétiques de la bouche ont pour principal but de conserver aux dents leur éclat, tout en évitant de porter atteinte à leur solidité. Ce qui ajoute aux difficultés du problème, c'est que les dents tiennent tout à la fois des tissus vivants par les vaisseaux qui s'y rendent, et des tissus inorganiques par l'étui calcaire qui les revêt. La moindre fausse manœuvre peut donc les altérer ou même les compromettre au point d'en nécessiter l'avulsion. Reste, il est vrai, la ressource des dents artificielles, et, à en croire ceux qui ont pour mission de les poser, on ne saurait ainsi que gagner au change. En effet, ces dents, par la facilité que l'on a de les renouveler, sont toujours belles, toujours jeunes, toujours égales en symétrie et en nombre; elles pourront, par d'habiles ajutages, restituer aux gencives l'incarnat qui leur manque; enfin, dans les vitrines où elles sont exposées, on les voit se mouvoir d'elles-mêmes sans effort et sans bruit, comme si l'art devait un jour vous éviter jusqu'aux fatigues de la mastication. Tout cela, j'en conviens, est fort tentant. Et cependant une vieille habitude, j'allais dire un ancien préjugé, fait que ces avantages nous touchent peu et que nous avons toujours un certain faible pour nos dents naturelles. Tel est du moins l'avis de notre héroïne, à en juger par les soins tout particuliers dont elle les entoure. Voyons maintenant si ces soins sont aussi intelligents qu'ils sont assidus.

DENTIFRICES.

Poudres; brosses; élixirs; structure des dents; émail et Ruolz; danger des élixirs acides; dents rayées; salive devenue acide; conséquences de cette acidité; un élixir et une poudre d'après mes formules; dentistes et pharmaciens.

Elle agit sagement en ne se servant pas tous les jours de poudre dentifrice, un usage trop fréquent finissant par irriter les gencives et par rayer les dents.

Qui dit poudre dit nécessairement brosse pour l'étendre. Si les gencives ont de la tendance à saigner, on devra choisir une brosse d'une extrême souplesse. Sont-elles au contraire pâles et blafardes, mieux vaut une brosse offrant une certaine résistance, afin qu'elle y appelle le sang et y active la circulation; mais sachez garder une sage mesure. C'est parce qu'elles emploient habituellement des brosses beaucoup trop rudes que les Anglaises, en plus peut-être d'une certaine disposition naturelle, ont des dents d'une longueur qui nous effraie.

Notre héroïne, et en cela je suis très-loin de la blâmer, se sert, pour se rincer la bouche, d'un élixir coloré en rouge par l'orcanète. Peut-être se figure-t-elle que cette couleur déteint un peu sur ses gencives et en réveille l'incarnat; illusion! mais illusion sans danger, car l'orcanète est une substance tout à fait inoffensive. Elle offre même cet avantage qu'en colorant l'eau dans laquelle on verse l'élixir, elle permet, par la différence des teintes, de mieux en calculer les doses.

Où je l'approuve moins, c'est de passer trop légèrement d'un élixir à l'autre sans se préoccuper assez de leur composition. Pour lui faire bien comprendre les dangers d'un mauvais élixir, je ne saurais me dispenser de lui dire un mot de la structure des dents elles-mêmes.

Les dents sont formées de deux couches, une extérieure, qui est l'émail, l'autre intérieure, qui est l'ivoire. L'émail donne à la dent sa blancheur; l'ivoire lui donne sa solidité. La superposition de ces deux couches représente donc assez exactement celle des métaux qui constituent l'orfévrerie de Ruolz. Admettons maintenant que vous nettoyiez, chaque jour, cette orfévrerie à l'aide d'agents qui en usent peu à peu la surface, il arrivera un moment où le métal grossier qui sert de charpente au métal plus précieux sera plus ou moins mis à nu. Telle est l'histoire des dents que vous soumettez à l'usage de certains élixirs. L'émail est graduellement attaqué et, comme la couche qu'il forme n'offre que peu d'épaisseur, on a bientôt atteint l'ivoire, ce qui rend les dents rugueuses et sujettes à la carie.

Quels sont les élixirs qui ont ainsi le triste privilége d'éroder la superficie dentaire ? Ce sont les élixirs acides, l'émail étant en grande partie constitué par des sels de chaux pour lesquels ces acides ont une très-grande affinité. Qu'on se rappelle l'*agacement* dont les dents deviennent le siége quand elles ont subi le contact d'aliments trop vinaigrés. Qu'on se rappelle surtout ce qui se passe quand un acide quelconque tombe sur du marbre, substance dont la chaux forme de même l'ingrédient principal : tout point touché en conserve une tache indélébile. Or, il finirait par en être de même des dents de notre héroïne, si son élixir avait un degré suffisant d'acidité.

Mais qu'est-il nécessaire d'aller chercher si loin nos exemples pour la convaincre ? Qu'elle se regarde simplement la bouche devant une glace, et elle constatera sur elle-même la preuve matérielle de ce que nous venons d'avancer.

En effet, ses dents, d'ailleurs si irréprochables, offrent une petite rainure transversale qui les divise en deux moitiés, l'une brillante qui adhère à la gencive, l'autre un peu dépolie qui répond à leur bord tranchant. C'est qu'à l'époque de sa seconde dentition, elle a eu une fièvre grave pendant laquelle, comme cela arrive d'habitude, sa salive, d'alcaline qu'elle était, a pris un caractère d'acidité marquée. Cette salive, par son contact continuel avec les dents, en a entamé la couche superficielle, n'épargnant que la portion logée encore dans l'alvéole. Aussi quand, par le fait de la croissance, cette portion est devenue libre à son tour, s'est-on mieux aperçu encore du contraste en ce que, seule, elle conservait la teinte nacrée qui était primitivement celle de la dent tout entière. Ce qui n'a pas peu contribué à amener ce fâcheux résultat, c'est que, sous prétexte de rafraîchir ses lèvres et ses gencives desséchées par la fièvre, on les lui frictionnait avec des tranches de citron; par conséquent, on travaillait dans le sens même du mal, en ajoutant une nouvelle acidité à l'acidité déjà trop grande de sa salive.

Il pourra même se faire, qu'en pleine santé, la salive devienne spontanément acide. Vous verrez alors les dents s'altérer de plus en plus, à moins que vous n'y portiez chimiquement remède en vous attaquant à la cause elle-même. Cette cause, si souvent méconnue, chacun peut la constater sur soi. Il suffit de se placer du papier bleu du tournesol entre les lèvres ou sur la langue; si le papier rougit, c'est que la salive est acide; si sa teinte ne change pas, c'est qu'elle est alcaline. Aussi toute personne ayant quelque souci de ses dents, fera-t-elle bien de répéter de temps à autre cette petite expérience.

Il est donc rationnel d'admettre que tout dentifrice devrait être neutre ou alcalin. Or, je me suis assuré que la plupart, même parmi les plus en vogue, sont au contraire notablement acides. Les élixirs sont aiguisés d'un peu d'acide citrique; les poudres renferment des tartrates acides de potasse et de soude; il en est de même des opiats, le miel qui leur sert d'excipient contribuant à en masquer l'acidité : les opiats du reste sont généralement abandonnés aujourd'hui.

C'est pour obvier à ces graves inconvénients que j'avais fait préparer un élixir et une poudre, à base alcaline, dont il est parlé dans la première édition de ce livre. Seulement il leur manquait cette suavité d'arome qui distingue le cosmétique proprement dit du produit pharmaceutique; j'ai pu la leur donner, à l'aide d'une très-légère modification de leurs formules que m'a indiquée M. Ed. Pinaud. Toujours est-il qu'ils offrent cette garantie qu'ils ne sauraient jamais s'attaquer aux dents[1]. J'ajouterai que, par l'alcalinité de leurs principes, ils dissolvent la matière sébacée qui, en se déposant pendant le sommeil sur les gencives, rend, le matin, la bouche souvent un peu pâteuse, et peut devenir ainsi une cause de viciation de l'haleine.

La raison pour laquelle les dentifrices sont généralement acides est facile à comprendre. Ce qu'il

---

1. J'apprends à l'instant qu'il se débite clandestinement sous mon nom je ne sais quel élixir et quelle poudre *acides*, auxquels, bien entendu, je suis complétement étranger. Pour couper court à toute tromperie de ce genre, je crois devoir déclarer que la seule maison dépositaire de mes formules de dentifrices, est la maison *Ed. Pinaud, boulevard des Italiens*, 30.

faut, avant tout, pour amorcer l'acheteur, n'est ce pas l'impressionner par un résultat immédiat? Or les acides nettoient parfaitement les dents, trop bien même, puisqu'ils ne les rendent brillantes qu'aux dépens de leur émail.

Il est bon également que vous soyez prévenus que c'est beaucoup moins chez nos pharmaciens que chez nos dentistes que vous serez exposés à rencontrer ainsi des élixirs acides. Quelque étrange que ce fait puisse paraître, il s'explique tout naturellement. Songez donc que, tandis que nul ne saurait exercer la pharmacie sans avoir préalablement subi des examens et justifié d'un diplôme, tout individu, au contraire, peut de son propre chef s'improviser dentiste : au besoin même il s'intitulera « Professeur de prothèse dentaire » ou « Auteur de plusieurs manuels. » Or trop souvent, entre le dentiste à la mode qui occupe un appartement somptueux dans nos plus élégants quartiers, et le simple arracheur de dents qui exerce en plein vent et en cabriolet découvert sa bruyante industrie, il n'y a eu originairement d'autre différence que la mise en scène et les moyens de réclame. Trop souvent aussi, le savoir chez tous les deux est resté nul : seulement le premier a su y suppléer par le savoir-faire.

Défiez-vous donc des dentifrices opérant des miracles par trop instantanés, sans quoi, je le crains bien, vos dents laisseraient bientôt voir leur Ruolz.

TROISIEME GROUPE.

COSMÉTIQUES DE LA FACE.

Notre Parisienne n'est déjà plus une toute jeune femme. Elle a dépassé la trentaine. Sans doute rien n'indique encore que sa beauté ait subi la moindre atteinte, et cependant elle commence à se préoccuper de ce qui pourrait advenir, témoin ce luxe de petites fioles, de petites boîtes et de petits pots qu'elle destine à son visage. Puisque notre qualité de médecin, qu'appuie de plus notre vif désir de lui être utile, nous permet d'être curieux sans être indiscret, nous allons les énumérer par ordre d'importance.

1

EAUX DE TOILETTE.

Eaux de Cologne et vinaigres ; leur composition ; sophistications ; différences de choix pour les blondes et pour les brunes ; action de l'eau pure sur la peau ; ce qu'employaient Minerve et Vénus ; origine de l'eau de la Reine de Hongrie ; une mariée de soixante-dix ans ; art de la réclame.

Voici deux flacons intitulés : l'un, eau de Cologne ; l'autre, vinaigre. Ce sont d'agréables cosmétiques qui résument à eux seuls toutes les eaux dites « de toilette, » mais dont la composition, du moins dans beaucoup d'officines, n'est plus aujourd'hui ce qu'elle était autrefois.

Les vinaigres sont généralement fabriqués avec des vinaigres de bois au lieu de vinaigres de vin ; par suite, ils pèchent souvent par excès de causticité. On y remédie en les additionnant d'alcool.

Pour les eaux de Cologne, on a substitué de même l'alcool de betterave à l'alcool de vin ; on a de plus changé leur mode de fabrication. Ainsi, tandis que, naguère, on les obtenait par la distillation de certaines plantes, on se contente maintenant d'ajouter des essences à l'alcool, et en particulier le néroli ou essence de Portugal. Ces détails, il est vrai, intéressent plus leur suavité que leurs vertus hygiéniques ; mais il n'en est pas de même des sophistications suivantes auxquelles on les soumet trop souvent.

Chacun sait qu'un des caractères distinctifs de l'eau de Cologne, c'est de blanchir au contact de l'eau, par la décomposition des huiles essentielles que retenait l'alcool. Or, que font certains industriels ? Dans un but d'économie plus facile à comprendre qu'à justifier, ils remplacent en partie l'alcool et les huiles par de l'eau plus ou moins saturée d'extrait de saturne. Venez-vous alors à verser de ce mélange dans l'eau, celle-ci blanchit, comme si c'était réellement de l'eau de Cologne : seulement ce n'est plus l'huile qui se précipite, c'est le plomb.

Toutefois, disons-le, les deux flacons de notre héroïne ont une composition irréprochable. Si maintenant nous en jugeons par les différences de niveau de leur contenu, elle pencherait plutôt pour le vinaigre, le flacon qui contient l'eau de Cologne étant à peu près intact, tandis que l'autre est plus qu'à moitié vide. Un mot suffira pour nous en donner l'explication : elle est blonde !

Les blondes, en effet, par cela même qu'elles ont généralement la peau plus spongieuse et plus fine, recherchent les cosmétiques un peu astringents : ainsi s'explique leur préférence pour les vinaigres. Les brunes, au contraire, dont la peau offre des tons plus animés, plus chauds, ont besoin de cosmétiques en rapport avec ce surcroît d'activité : aussi se trouvent-elles mieux des eaux de Cologne. Je dois dire toutefois que, si ces règles sont vraies en principe, elles comportent de très-notables exceptions individuelles. J'ajouterai enfin que les eaux de Cologne, comme eau de toilette, sont, en général, de beaucoup préférables aux vinaigres.

Mais pourquoi ne pas se contenter simplement d'eau pure[1] ? C'est qu'à tort ou à raison, on a fait à l'eau pure le reproche de sécher la peau ou même de la froncer. Il est certain que les personnes obligées par profession d'avoir toujours les mains dans l'eau, par exemple, les femmes de nos lavoirs, ont généralement la peau dans un assez triste état.

---

1. Je ne puis toutefois que blâmer l'habitude qu'ont beaucoup d'hommes, quand ils viennent de se faire la barbe, de se laver le visage avec de l'eau contenant quelques gouttes de vinaigre. Cette eau, rendue ainsi acide, décompose le savon resté adhérent à la peau, et met à nu son élément graisseux qu'il est ensuite fort difficile d'enlever.

Je ne vois donc aucun motif de se priver de ces innocentes préparations, qui d'ailleurs ne sont qu'une imitation plus ou moins bien réussie de celles qu'employaient les Déesses. « Chaque fois, dit Homère, que Minerve voulait charmer ou éblouir le souverain maître de l'Olympe, elle répandait sur son visage une essence divine dont le nom est synonyme de beauté (κοσμός), parce qu'elle en est la source. C'est cette même essence que Vénus faisait couler sur son corps, lorsque, le front ceint de sa couronne immortelle, elle allait se mêler aux danses des Grâces et des Muses. Sa peau acquérait alors une blancheur éblouissante devant laquelle eût paru terne l'ivoire qu'on vient de polir. »

Après les Déesses, les Reines. Qui n'a entendu parler de l'*Eau de la reine de Hongrie?* Mais ce qu'on connaît moins, c'est la circonstance qui lui fit donner ce nom. La voici telle que la racontent les chroniqueurs du temps :

Élisabeth, reine de Hongrie, avait reçu d'un alchimiste la recette d'une certaine eau qui, assurait-il, avait le pouvoir d'empêcher de vieillir. Il est de fait que les années s'accumulaient sur la tête de Sa Majesté sans y laisser d'empreinte. La preuve, c'est qu'elle venait d'atteindre son soixante-dixième[1] printemps, lorsqu'elle fut demandée en mariage par Cha-

---

1. Il paraîtrait que cet âge est « l'été de la Saint-Martin » des vieilles coquettes. Ainsi la célèbre Ninon de l'Enclos avait également, dit-on, soixante-dix ans, lorsqu'un fils qui lui était né de par le monde, tomba de même amoureux d'elle, puis se tua de désespoir en apprenant que c'était sa mère.

robert, grand-duc de Lithuanie, qui en était devenu
éperdument amoureux. Il n'avait alors, il est vrai,
que dix-huit ans, ce qui explique bien des choses.
Toujours est-il que le mariage eut lieu et qu'Élisabeth, comme cadeau de joyeux avénement, fit connaître son secret, ce qui valut à cette eau le nom
d'Eau de la Reine de Hongrie [1].

Je ne garantis pas l'authenticité de l'anecdote.
Mais, vraie ou fausse, elle prouve du moins, par le
parti qu'on sut en tirer, que ce n'est pas d'aujour-
d'hui que date l'art de la réclame.

II

COLD-CREAM; POMMADE DE CONCOMBRE; GLYCÉRINE; TRANCHES DE VEAU.

Rapprochements avec ce qui se faisait à Rome; cold-cream et
pommade de concombre comparés à l'œsype d'Athènes;
glycérine; ses qualités; un mot d'Athénée; tranches de
veau comme cosmétique.

Notre Romaine, qui pourtant s'y connaissait, ne
paraît avoir fait usage ni d'eau de Cologne ni de vinaigre. Pour le vinaigre, cela n'a rien d'étonnant,
car, très-probablement, elle était brune, rien n'étant
rare en Italie comme une blonde : or, nous savons
que les brunes se trouvent rarement bien du vinaigre.
Quant à l'eau de Cologne, il fallait bien qu'elle s'en
passât, l'alcool, sans lequel on ne saurait la préparer,

1. La composition de cette eau est celle de la plupart de nos
eaux de Cologne, sauf que le romarin y domine.

ne datant que du moyen âge ; il fut trouvé par les alchimistes qui ne le cherchaient pas, en échange de la pierre philosophale qu'ils cherchaient et ne pouvaient trouver. Nous avons vu toutefois qu'elle corrigeait l'action de l'eau pure par divers composés huileux ou graisseux, tels que l'hélénium et l'œsype d'Athènes. Ne serait-ce même pas cet œsype qui aurait donné à nos Parisiennes l'idée du cold-cream et de la pommade de concombre ?

Ne vous récriez pas trop contre cette supposition, dont je suis tout prêt, du reste, à faire bon marché ; car enfin la pommade de concombre contient beaucoup moins de concombre que de suif[1] de mouton. Or, entre le suif et le suin qui faisait la base de l'œsype, la distance n'est pas énorme. Et le cold-cream, en quoi donc ses éléments graisseux diffèrent-ils tant de ceux de ce même œsype ?

La vogue est aujourd'hui à la glycérine, résidu oléagineux de la fabrication des bougies. C'est un cosmétique fort doux, et dont le succès est tout à fait de bon aloi. Soluble dans l'eau, dissolvant tous les corps que dissout l'alcool, point sujet à rancir, il possède les avantages des composés graisseux sans avoir leurs inconvénients. Mais il se prête aisément aux sophistications.

Pour beaucoup de nos élégantes, ces diverses préparations tiennent complétement lieu d'eau. Elles s'en étendent le soir une légère couche sur le visage,

---

1. Ce n'est même à vrai dire que du suif bien dépuré, auquel on a ajouté du suc de concombre pour en faire une pommade plus agréable à l'odorat et plus douce à la peau.

puis elles l'enlèvent le lendemain avec de la batiste ou une éponge. On peut donc dire d'elles ce qu'Athénée disait des Italiennes de son temps : « *Elles ne se lavent jamais* » (Μηποτε λελουμενην Ιταλαν). Franchement, c'est par trop sacrifier à la coquetterie. D'ailleurs ces corps gras, en plus de l'odeur de rance qu'ils laissent après eux, adhèrent toujours plus ou moins à la peau qu'ils finissent par irriter.

Cependant j'aime encore mieux cela que ce que j'ai vu employer, dans le même but, n'étant que simple étudiant en médecine.

J'avais été chargé par Récamier d'aller faire deux pansements par jour à une dame de très-haut parage qui jouissait d'une grande réputation de beauté. Or j'apercevais, chaque soir, dans un coin de sa chambre, deux superbes tranches de veau frais, que je retrouvais le matin à la même place, mais un peu émues. A quoi donc pouvait-elle les avoir fait servir ? Je me perdais en conjectures, lorsqu'enfin j'appris qu'elle se les appliquait en cataplasme sur les joues, pendant la nuit. Ainsi voilà une grande dame qui, en vue d'un résultat très-problématique, n'hésite pas à emprunter à sa cuisinière une recette pour farder, je me trompe, pour barder son visage ! J'avoue que cette révélation fit sur moi une impression telle que j'en conservai, longtemps encore, une véritable horreur pour les émincés.

Mais quittons ces étranges cosmétiques, qui n'ont heureusement rien de commun avec ceux dont nous allons continuer l'inventaire.

III

POUDRE DE RIZ.

Houpes à poudrer ; combien il s'en consomme en Angleterre ;
ce qu'est la poudre de riz ; ce qu'est la fleur de riz ; substances
qui tiennent lieu du riz ; albâtre, roi des cosmétiques ; poudre
de riz rendue stable ; elle absorbe l'humidité de la peau ; elle
la protége contre les altérations de l'air ; sa préparation d'après
ma formule.

A la bonne heure ! au moins ; en voilà un que l'on
peut d'autant mieux avouer qu'il plaît par son nom,
son contact, son parfum. Il n'est pas jusqu'à la
houpe soyeuse dont on se sert pour l'étendre qui ne
prévienne en sa faveur : cette houpe est en duvet de
cygne. Un amateur anglais, très-fort en statistique,
a calculé que, rien que pour cet usage, il s'expédie
annuellement 7000 peaux de cygne à Londres, que
chaque peau fournit en moyenne 60 houpes, ce qui
porte le total de ces houpes à 420 000. Serait-ce
donc qu'on aurait quelque peu surfait « les blanches
épaules des blondes filles d'Albion ? »
Le même amateur a voulu également se rendre
compte de ce qui se consomme de poudre de riz ;
mais là il avoue avoir été effrayé par les chiffres.
C'est par quintaux, c'est par tonnes qu'il faudrait
compter. Aussi s'écrie-t-il : « Quelle honte de voir
livrée à un pareil gaspillage une denrée si précieuse,
alors qu'elle pourrait utilement servir à alimenter
toute une population affamée ! »

Ces sentiments font honneur à sa philanthropie ; mais qu'il se rassure. Ce qui, en Angleterre comme en France, entre le moins dans la poudre de riz, c'est le riz. C'est mieux encore pour ce qu'on appelle la « fleur de riz, » car alors il n'y en entre autant dire pas. Le plâtre, la craie, le talc, la magnésie, la chaux, la céruse, l'amidon, l'albâtre, voilà ce qui en tient habituellement lieu.

L'albâtre surtout mériterait d'être nommé le roi des cosmétiques ; on en met partout. C'est que s'il égale l'amidon par sa blancheur, il le dépasse par son poids, ce qui devient pour le débitant une double source de bénéfices. Ainsi s'explique pourquoi il existe à la Villette et à Montmartre de nombreux moulins occupés uniquement à pulvériser l'albâtre que consomment nos parfumeurs.

Lors donc que vous dites d'une personne qu'elle a « un teint d'albâtre, » vous employez quelquefois, à votre insu, une comparaison d'autant plus juste qu'il peut se faire que ce soit à l'albâtre qu'elle doive cette blancheur de peau que vous admirez tant.

Si nos parfumeurs ne commettaient jamais de substitutions plus graves que celles-là, il ne faudrait pas trop s'en plaindre, car le composé qui résulte de la combinaison de quelques-unes de ces substances peut être inoffensif, et, de plus, il atteint beaucoup mieux que la poudre de riz elle-même le double but qu'on a en vue. Ce qu'on veut obtenir, ce n'est pas seulement une carnation brillante, c'est une carnation stable. Or, la poudre de riz offre trop peu de fixité pour ne pas être enlevée par le simple frôlement de l'air ou des étoffes; au contraire, celle qui se débite sous ce nom pourra, pendant toute une soirée, opposer la plus magnifique résistance.

Cette même poudre, surtout à cause de ses éléments alcalins, offre encore l'avantage d'absorber l'humidité de la peau. Aux Antilles, au Sénégal, aux Indes, dans toutes les contrées, en un mot, où règne une température excessive, on en consomme énormément. N'arrive-t-il pas, de même, certains moments dans nos salons où la chaleur devient telle que l'on se croirait transporté sous le ciel brûlant des tropiques, et où, par suite, les mêmes absorbants peuvent devenir nécessaires?

Enfin, la poudre de riz sert à protéger la peau contre le carbone et autres altérations de l'air inséparables de toute réunion un peu nombreuse, et surtout d'un splendide éclairage. Cette remarque n'avait point échappé aux élégantes du dernier siècle, époque de galanterie et de scandale, qui ne fut que trop souvent le règne de la beauté licencieuse. Aussi n'allaient-elles jamais dans le monde que le cou, les épaules et les bras couverts d'un nuage de poudre.

Nos Parisiennes, je parle de nos Parisiennes intelligentes, ont beaucoup simplifié ces pratiques, mais sans pour cela y renoncer entièrement. Je suis si loin de les en blâmer que j'ai composé à leur intention une poudre de riz dont j'ai confié la formule à M. Éd. Pinaud, pour être plus sûr qu'elle serait consciencieusement exécutée. Cette poudre, j'en garantis du moins la parfaite innocuité.

IV

BLANC D'ARGENT.

C'est du plomb et non de l'argent ; synonymes du plomb ; abominables tromperies ; principaux fards blancs ; pourquoi
aucun fard ne peut être inoffensif ; troubles locaux déve-
loppés par le plomb ; troubles généraux ; le plomb est un
Protée ; du plomb et du vitriol ; actrices victimes des fards ;
femmes du monde moins exposées ; danger qu'elles cou-
rent également ; les nerfs moins coupables que le plomb.

J'avais évité, en parlant de la poudre de riz, de
prononcer le mot de fard, car à la rigueur on peut
nier que c'en soit un, et j'étais charmé que notre
héroïne bénéficiât du doute. Mais, plus d'illusion
possible ! Elle se sert de fard et, qui plus est, de fard
de l'espèce la plus dangereuse. Ainsi la pâte onctueuse
que nous apercevons dans cette fiole doit sa blancheur éblouissante à la présence du plomb. Comment ! du plomb ? Mais l'étiquette porte : *Blanc d'argent.* Cela est vrai. Seulement, vous n'avez pas
oublié qu'il est de règle de ne point effrayer l'acheteur, et que, quand certains noms sonnent mal, on a
grand soin de leur en substituer d'autres plus eupho-
niques. Jamais on ne trouverait le placement d'un
fard au *blanc de plomb*, tandis que personne ne se
défie d'un fard au *blanc d'argent*, au *blanc de perles*,
an *blanc de krems*, au *blanc d'albâtre* ou au *blanc
superfin de vinaigre*. Or tous ces blancs sont autant
de synonymes de la céruse, par conséquent du plomb.

Mais, vous écrierez-vous, ce sont là d'indignes, d'abominables tromperies. Je suis complétement de votre avis. Je m'en expliquai même un jour un peu vivement avec un des gros bonnets de la profession. « D'où vient, lui disais-je, ce besoin d'inoculer à la population, sous le couvercle de faux passe-ports, une substance que vous savez dangereuse, alors que vous pourriez si facilement la remplacer par quelques autres qui le seraient moins ou même qui ne le seraient pas du tout? Car enfin il existe d'autres fards. Que n'employez-vous, par exemple, la *poudre de talc*, dite *blanc de Circassie?*

— C'est, me répondit-il, que ses reflets sont un peu mats.

— Et l'*oxyde de zinc*, appelé encore *blanc de Thénard*, en souvenir de l'éminent chimiste qui l'a proposé?

— Il durcit la peau et n'offre pas assez de fixité.

— Mais aucun de ces reproches ne saurait atteindre le *sous-nitrate de bismuth*, que vous-même, dans votre enthousiasme, avez baptisé du nom de *poudre des sultanes.*

— Pour celui-là, vous avez raison, il a presque toutes les qualités que vous dites; seulement il a un grand défaut dont vous ne parlez pas : c'est de coûter beaucoup trop cher. Songez donc que, tandis qu'une livre de céruse ne revient qu'à un franc, la même quantité de bismuth se paye vingt-cinq francs et même plus! Obligé de lutter contre la concurrence, on n'est que trop tenté de faire un peu comme les autres. Vous comprenez? »

J'avais si bien compris, que je crus devoir en rester là de mes questions.

Ainsi, de quelque nom qu'on le décore, vous n'êtes jamais sûr qu'un fard ne contient pas de plomb. Notez de plus que les fards que nous appelons inoffensifs ne le sont, à vrai dire, que par comparaison avec ceux dont le plomb fait la base, car l'application de tout agent métallique sur la peau aura toujours pour résultat d'apporter plus ou moins d'obstacle à son fonctionnement normal. Comment fonctionnerait-elle? Elle n'est plus perméable, ainsi que l'attestent les milliers de petits points noirs dont elle reste criblée, malgré tous les lavages, et qui ne sont que les orifices oblitérés de ses pores. Or nous avons vu, à propos des expériences de Magendie, quelles sont les conséquences de cette imperméabilité.

En présence donc de tant d'incertitudes et de dangers, le plus sage parti serait de s'abstenir de tout fard. Notre Parisienne aura-t-elle ce courage? J'y compte si peu que je veux, sans plus tarder, lui apprendre quels troubles locaux ou généraux résultent de leur emploi.

Troubles locaux. « La peau, dit Fiévée de Jeumont, dans son beau travail sur les fards, perd graduellement sa douceur et son éclat primitif; plus de fraîcheur : la beauté est entièrement passée et sans espoir de retour. La physionomie s'altère et prend une expression triste et soucieuse. Il y a encore de la vie dans les yeux; mais les muscles de la face ont perdu leur contractilité, d'où ce visage morne et terne, au lieu de cette mobilité d'autrefois qui prêtait au langage tant de vivacité et à la pensée tant d'énergie. C'est ainsi que Ninon devient borgne et Aspasie édentée. »

Troubles généraux. Vainement vous vous flatteriez de vous y soustraire. Le plomb, sous quelque forme et en quelque endroit qu'il soit appliqué sur la peau, est absorbé par cette membrane avec une facilité merveilleuse. Une fois passé dans le sang, il constitue un hôte d'autant plus redoutable qu'au lieu de manifester spontanément sa présence par quelque crise qui donnerait l'éveil, il opère sourdement et avec lenteur, minant chaque organe avant de se fixer spécialement sur aucun. C'est du côté du système nerveux que se manifestent d'habitude ses principales atteintes. Ainsi les forces se dépriment et, en même temps, la sensibilité se pervertit ou s'exalte; puis, les symptômes s'accentuant davantage, il survient des contractures, des spasmes, des mouvements automatiques, voire même des convulsions épileptiformes. Heureux encore si la scène ne se termine pas par quelque catastrophe telle que, par exemple, le ramollissement de la moelle ou du cerveau !

Ainsi le plomb n'est pas seulement un Protée par la manière insidieuse dont il se glisse dans l'économie; c'est un Protée encore par le caractère si perfidement mystérieux des accidents qu'il y développe.

De ce que ces accidents ont une marche généralement lente, s'ensuit-il que les résultats en soient moins à redouter?

Le danger, au contraire, s'aggraverait bien plutôt de la lenteur avec laquelle ces accidents se développent. N'oubliez pas qu'en matière de poisons, une apparence bénigne cache souvent les caractères les plus pernicieux. Ainsi, tandis que vous lisez avec effroi dans les journaux les récits de brûlures de la face par le vitriol que lance si souvent la jalousie avide de défigurer, vous vous arrêtez au contraire avec complaisance sur les éloges que ces mêmes feuilles accordent à certains fards à base de plomb. Et cependant le plomb est un poison plus terrible encore que le vitriol; car, si le premier défigure, le second défigure de même, mais de plus, il tue.

Toutefois évitons, par des peintures exagérées, de renouveler la scène où Purgon menace Argan de maladies terribles jusqu'au burlesque. Je conviens volontiers que ce que nous venons de dire des ravages occasionnés par le plomb doit bien plutôt s'appliquer à l'actrice qui, chaque soir,

Compose de sa main les fleurs de son visage,

qu'à la femme du monde qui n'use de ces artifices que dans des circonstances beaucoup plus rares. Il peut se faire pourtant que, même en dehors du théâtre, il survienne des faits dont la gravité rappelle ceux que provoquent ces exigences de la scène.

Le docteur Ward Cousins a publié, dernièrement, l'observation d'une jeune fille de vingt ans qui fut prise d'une paralysie des poignets et des avant-bras, pour avoir fait usage de carbonate de plomb qu'un parfumeur lui délivrait, en guise de poudre de riz, sous le nom de *blanc de perles*. Le traitement fut long ; on désespéra même un instant de la guérison.

Mais à quoi bon aller emprunter nos exemples à des sources étrangères? Que notre héroïne veuille bien interroger ses propres souvenirs et elle reconnaîtra que, depuis qu'elle se sert de ces fards, elle est sujette à certaines indispositions, telles que névralgies ou migraines, qu'elle ne connaissait pas auparavant et, qu'à défaut d'autre explication, elle désigne par la phrase sacramentelle : « Ce sont les nerfs. » Je lui dirai, moi : « C'est le plomb. »

Mais soyez sûr qu'elle ne se borne pas à une seule espèce de fard. Ne faut-il pas, pour que la décoration soit complète, que sa peau soit également nuancée de rose? Effectivement, je lis sur un petit champignon de porcelaine ces simples mots : « Rose oriental, » lesquels, nous allons le voir, sont à eux seuls tout un programme.

V

ROSE ORIENTAL.

A base de carthame, inoffensif ; à base de vermillon, vénéneux ; une actrice empoisonnée sur la scène par un fard ; du rouge au siècle dernier ; ce qu'on désignait par petit pot ; par louis d'or à lunettes ; vieilles théories alchimistes.

Et d'abord, empressons-nous de le reconnaître, la pâte désignée de la sorte rappelle assez, par son rouge un peu tendre, la fleur qui sert de type aux comparaisons les plus enviées. Quant au principe

qui la colore, voici ce que dit le prospectus annexé
au flacon :

« Ce rouge est extrait des calices du carthame
(*carthamus tinctorius* de Linné), que l'on appelle
communément encore safran bâtard (*safranum*). »

Cette définition, d'où s'exhale je ne sais quel parfum scientifique, est exacte. Le carthame, ou plutôt
la carthamine, c'est-à-dire le principe rouge du carthame, qu'on a isolé de son principe jaune, forme
habituellement la base du « rose oriental » et des
autres fards de la même nuance. Ajoutons que, con-
trairement à ce que nous venons de voir pour les
fards blancs, c'est une substance inoffensive.

Je ne saurais malheureusement en dire autant
d'une autre espèce de fard qui se débite également
sous le nom de « rose oriental » et est surtout en
usage au théâtre. Aussi ne pouvons-nous laisser
passer la définition qui précède, et que nous lui
avons vu plus d'une fois appliquer, sans la modifier
par la petite variante que voici :

« Ce rouge est extrait du sulfure de mercure, que
l'on appelle communément aussi vermillon. »

En effet, ce prétendu rose oriental n'a rien à voir
avec les végétaux décrits par Linné. C'est un simple
mélange de vermillon et de talc, mais si bien réussi
qu'on pourrait facilement le prendre pour un de ces
fards où entre réellement le carthame.

Disons-le toutefois, ce mélange, bien qu'à base de
mercure, ne saurait non plus offrir d'inconvénients
bien sérieux tant qu'on se contente d'en effleurer les
pommettes. Mais la chose change si on vient à l'ap-

pliquer sur les lèvres, la structure fine et spongieuse de ces parties se prêtant beaucoup mieux à son absorption; la salive d'ailleurs peut l'entraîner jusque dans l'estomac. Je citerai à ce propos le fait suivant:

Mlle X..., actrice d'un de nos théâtres à mélodrame, venait d'être chargée d'un rôle où se trouvait une scène de dépit qui devait être rendue moins par des paroles que par une pantomime vivement sentie et rudement accentuée. Comme elle tenait à émouvoir son public (le public des boulevards), elle se prit à se pincer les lèvres et à se les mordre avec une conscience voisine de la frénésie. Par malheur, — et ceci n'était plus dans son rôle, — elle en détacha le vermillon qui les recouvrait et l'avala au fort de la passion. Aussi à peine eut-elle quitté la salle qu'elle se plaignait de vives coliques et d'un tremblement général qui ne cédèrent qu'au traitement indiqué contre les empoisonnements par le mercure.

C'est donc encore parmi les actrices que vous rencontrerez le plus de cas d'empoisonnement par ces fards. Une des causes, nous l'avons dit, c'est la nécessité où elles se trouvent d'y recourir tous les soirs; mais il y a aussi cette autre circonstance qu'il leur faut absolument en forcer les doses. Il en est un peu de la scène comme d'une toile de diorama; les personnages qui y figurent devant être vus de loin et dans certaines conditions d'éclairage, les effets de lumière et de perspective nécessitent une notable exagération des tons. Aussi l'actrice, au lieu de se servir du doigt pour étaler son fard, se badigeonne-t-elle tout bonnement les joues avec une patte de lièvre, de même que le peintre étend ses couleurs non plus avec un pinceau délicat, mais avec un balai vulgaire.

L'usage du rouge, si généralement répandu aujourd'hui au théâtre et ailleurs, est la conséquence nécessaire de l'usage du blanc, dont il est tout à la fois le complément et le correctif. Cependant combien nous sommes loin encore de ce qui se faisait vers la fin du dernier siècle !

« Sans rouge » était le grand négligé, et on eût considéré comme un manque d'égards de recevoir un homme de condition sans cette enluminure. Vous entendiez, par contre, à tout instant des phrases telles que celle-ci : « C'est une femme du commun ; je ne pouvais aller la voir qu'en déshabillé et sans rouge. » Ou telles que celle-là : « Elle se marie pour porter du rouge et des diamants. » C'est qu'en effet une jeune fille ne pouvait pas plus porter du rouge que des bijoux. Cela ne lui était permis que quand elle était mariée ou qu'elle avait atteint la date fatale de vingt-cinq ans, époque à laquelle elle devenait de droit « Madame. »

L'usage du rouge ne tarda pas à se répandre de la cour de France dans toutes celles de l'Europe. La Russie elle-même, bien qu'encore un peu reléguée dans ses steppes, s'empressa de l'adopter. Catherine raconte dans ses Mémoires que le premier présent que lui fit l'impératrice Elisabeth, à son arrivée à la cour, fut le *petit pot*.

Qu'était-ce que le petit pot ? On désignait ainsi la capsule de porcelaine où se plaçait le rouge.

Cette capsule, comme contenance et comme forme, rappelait tout à fait celle que nous avons dit figurer sur la toilette de notre héroïne. Seulement les fards dont on se servait alors étaient à base de cochenille ou de carmin, au lieu d'être, comme ceux d'aujourd'hui, à base de carthame ou de vermillon.

« Avoir droit au petit pot » était le rêve de toute jeune fille. Aux plus impatientes on donnait, pour se frotter les lèvres, le *louis d'or à lunettes*.

Qu'était-ce encore que ce louis d'or à lunettes ? Voilà une de ces expressions dont le sens a vieilli, ou plutôt qui n'a plus de sens pour nous, encore bien qu'on la retrouve à tout propos dans les correspondances du temps. On appelait louis d'or à lunettes une ancienne monnaie d'or contenant moins d'alliage que la nouvelle, et se rapprochant ainsi davantage de la composition de l'or pur[1]. Or, d'après les vieilles théories alchimistes, l'or, ce roi des métaux, agissait sur la vie elle-même, en faisant affluer le sang dans les parties qui en subissaient le contact. Se frotter les lèvres avec un louis d'or devait donc être un excellent moyen de se les rendre plus roses. Mais y avait-on réellement foi? J'y verrais plutôt une sorte de joujou que l'on donnait aux petites filles, pour tromper leur attente, comme nous leur donnons aujourd'hui des jupes très-bouffantes, jusqu'à ce qu'elles soient en âge de s'affubler de la burlesque et pompeuse crinoline.

---

1. Quant à l'origine du mot « à lunette, » personne n'a pu me la donner et je ne l'ai trouvée dans aucun livre.

VI

TROIS ÉCOLES DE FARDS.

Les fards sont une peinture ; la physionomie est un tableau ;
les Parisiennes se divisent en trois écoles.

Nous venons de parler des fards, en les prenant
chacun isolément ; mais à cette étude de détail doit
nécessairement succéder une appréciation d'ensemble, les fards n'étánt autre chose qu'une peinture
adaptée à la physionomie. Or, comment juger
d'un tableau, si on se contente d'analyser les couleurs étalées sur la palette? La science de les com
biner, de les *fondre*, comme on dit, constitue le
principal mérite et c'est seulement en contemplant
l'œuvre elle-même qu'on peut parvenir à se rendre
fidèlement compte de sa valeur ?

Mais, pour les fards comme pour la peinture,
chaque école a son genre, chaque artiste a sa manière. Nos Parisiennes nous en offrent un exemple,
et un exemple des plus frappants. Elles peuvent
même, sous ce rapport, être divisées en trois caté-
gories : 1° Celles qui cultivent le « coloris fougueux; » 2° Celles qui se contentent de « simples
repeints; » 3° Celles enfin qui ambitionnent une
« complète restauration. »

Ce sont là autant de distinctions sur lesquelles
il nous faut maintenantnous expliquer.

§ 1. COLORIS FOUGUEUX.

Exagération des teintes et des tons; visage encaustiqué; comment on arque les sourcils; mise en couleur des paupières; effets de clair-obscur et distribution d'ombres; œil fendu en amande; ses reflets bleuâtres lumineux; un regard fascinateur; triomphe de ce qui est plus beau que nature.

C'est le genre qu'affectionnent les fantaisistes, classe burlesque, dite « du progrès, » qui, par ses excentricités et surtout ses osés, n'est pas sans quelque analogie avec nos libres-penseurs. Pour elle, la nature est monotone, banale, bourgeoise, et les types, tels que le Créateur les a faits, ont vieilli. Qui donc viendrait parler encore du frais visage de la jeune fille ou du léger incarnat de ses joues? Couleurs éteintes que tout cela. Il n'y a de bien porté que des chairs argentées, semées de mica et d'or, des paupières de satin noir, des yeux roulant les regards lumineux des Péris, et des épaules miroitantes comme le marbre de Paros. On a ainsi brouillé toutes les notions du beau, perverti le goût, émoussé la sensibilité. C'est un amalgame de teintes et de tons, comme on n'en voit que dans les ballades ou dans les tableaux d'Eugène Delacroix.

Il faudrait être peintre, et peintre coloriste, pour raconter dignement par quelles séries d'opérations on parvient à encaustiquer ainsi son visage. Pareille entreprise, avouons-le franchement, est bien au-dessus de nos moyens et de nos forces. Tout au plus, tenterons-nous d'esquisser la manière dont on procède pour les yeux.

On commence par arquer les sourcils, selon la mode du jour ou le caprice de la personne, en traçant une ligne qui en indique bien exactement les courbes et les contours; puis, avec un crayon dit « impératrice, » on décrit sur cette ligne d'imperceptibles hachures. C'est un travail long, minutieux, n'exigeant pas moins de patience que d'art. Si quelque fragment de sourcil naturel vient à déparer le dessin, on l'arrache, imitant en cela les dames russes du quinzième siècle qui en étaient arrivées à ne plus comprendre que les sourcils postiches. Il n'est pas mal non plus de passer sur le tout un siccatif brillanté, dans le but d'en réveiller les tons et d'en assurer la durée.

La mise en couleur des paupières est beaucoup plus simple. Encore faut-il savoir manier assez habilement l'estompe pour leur communiquer cette teinte un peu fauve qui rappelle le teint bruni des Andalouses et laisse soupçonner des passions méridionales. C'est là que se revèle la puissance d'effets du clair-obscur et de la distribution des ombres.

Mais le suprème triomphe, c'est l'œil proprement dit. On promène délicatement l'extremité du crayon sur les paupières presque fermées, de manière à n'en toucher que le bord libre, tout en empiétant un peu du côté des tempes. Il en résulte ce qu'on appelle « l'œil fendu en amandes. » Si même tout a été bien calculé, quelques parcelles de la matière noire pénétreront jusque dans l'intérieur de l'œil, pour y répandre une nuance bleuâtre lumineuse qui donne au regard un saisissant éclat. Cet éclat deviendra même tout

à fait fascinateur, pour peu que vous ayez encadré
les cils entre deux lignes sombres, celles-ci devant
agir à la manière de puissants repoussoirs.

Ainsi se fabrique le coloris fougueux. Même débauche de couleurs pour les autres parties de la
face : c'est à rendre jalouse une Groënlandaise ou
une Jowai.

Et ne soyez pas surpris du succès reservé trop
souvent à ce qui est ainsi « plus beau que nature. »
Que de gens s'extasient devant les flots vert-pomme
de nos mers d'opéra, qu'impressionnent médiocrement les reflets par trop mats d'un océan réaliste!
Combien encore préfèrent aux gracieuses et suaves
mélodies de nos grands maîtres, la musique tapa-
geuse de nos modernes réformateurs!

§ 2. SIMPLES REPEINTS.

École du bon sens; faire vrai; sentiment du goût et de l'art;
   concours intelligent du parfumeur; blanc-rose; blanc-jaune,
   dit blanc-Rachel; blanc-blanc; cils allongés; œil agrandi et
   demi-clos; air de morbidezza.

C'est l'école qu'on pourrait appeler du « bon
sens. » Au lieu de vouloir corriger ou refondre la
nature, elle l'imite et la répare d'après les bons
modèles. Habile à reproduire les types primitifs,
elle se contente de repeindre les endroits effacés et
de rétablir les glacis disparus; en un mot « elle
fait vrai. »

Sans doute, ainsi que nous avons entendu Martial
le dire des Romaines de son temps, la femme, après

ces retouches, « est moins elle qu'un portrait. » Mais enfin ce portrait, quelque flatté qu'il soit, peut être ressemblant, d'autant plus que c'est cette ressemblance que l'on se propose d'atteindre.

Ce qui distingue en effet la réaliste de la fantaisiste, c'est le sentiment du goût et de l'art. Jamais chez elle de ces contrastes qui indiquent beaucoup moins un esprit indépendant qu'un esprit biscornu. Sous ce rapport, elle est puissamment secondée par la science intelligente du parfumeur.

Ainsi, rien que pour son visage, elle dispose de trois blancs, de nuances différentes : le « blanc-rose » dont les reflets châtoyants et doux se marient agréablement avec la peau fine et les yeux bleus qui sont d'ordinaire l'apanage des blondes ; le « blanc-jaune, » appelé encore « blanc-Rachel » du nom de l'éminente actrice qui l'avait choisi, lequel s'adapte parfaitement à la teinte brune de la peau et fait mieux ressortir la vivacité des yeux noirs ; enfin il y a le « blanc-blanc. » Celui-là, je ne le cite que pour mémoire, car jamais femme un peu sensée n'ira ainsi s'enfariner le visage, à moins qu'elle ne veuille figurer dans quelque tableau vivant ou singer Debureau.

Notre héroïne, on le devine sans peine, appartient à la classe des réalistes. Et encore n'use-t-elle de ces divers moyens qu'avec une extrême réserve ; toutefois cette réserve n'exclut pas une profonde habileté. Ainsi, par exemple, elle s'allonge les cils en en effaçant les courbures à l'aide d'un fixateur qui les tend comme deux voiles ; de cette manière l'œil paraît non pas seulement plus grand, mais demi-clos, ce qui, joint à la pâleur naturelle de son teint, donne à sa physionomie cette expression mélancolique et rêveuse que les Italiens désignent du doux nom de *morbidezza*.

Maintenue dans ces limites, la coquetterie, à part les dangers que fait courir la composition des fards, constitue en définitive un assez innocent artifice. Il est vrai que notre héroïne n'a pas grand mérite à savoir ainsi se borner, aucun des agréments dont la nature l'a douée n'ayant encore subi de sérieuses atteintes. Mais pour elle aussi viendra le moment des épreuves. Puisse-t-elle alors ne voir, avec le poëte, dans la nouvelle phase où il lui faudra entrer, que « le soir d'un beau jour! » Puisse-t-elle surtout ne jamais recourir aux malencontreuses pratiques dont il nous reste à lui tracer le lamentable et trop véridique tableau !

§ 3. COMPLÈTE RESTAURATION.

Mot de la Rochefoucauld ; une femme qui veut paraître toujours jeune ; comment elle procède ; blanc de buffleterie ; cire à giberne ; cils postiches ; poudre rose ; bleu pour les veines ; une statue de Pygmalion ; conséquences du maquillage ; la mère cesse d'être mère ; la femme cesse d'être femme ; ce n'est plus qu'un mannequin ; immobilité de rigueur ; chute de plâtras ; effets d'une température trop élevée ; débâcle générale ; un dernier supplice ; sentiments que l'on inspire.

La Rochefoucauld disait : « La vieillesse est l'enfer des femmes. » Il aurait pu ajouter que cet enfer est beaucoup moins le fait de la vieillesse elle-même que du mal qu'on se donne pour en dissimuler les atteintes. Est-il en effet torture comparable à celle que s'inflige volontairement la femme qui s'obstine, en dépit des ans, à vouloir paraître toujours jeune ? C'est que bientôt les ravages sont tels qu'ils ne nécessitent rien moins qu'une complète restauration. Voyons-la à l'œuvre.

Son premier soin va être de boucher les craquelures ; c'est ce que, en termes d'atelier, on appelle « préparer la toile. »

Elle emploie pour cela un blanc liquide dont l'aspect laiteux rappelle assez le blanc dit « de buffleterie. » Avant que ce blanc ne soit tout à fait sec, elle teint ses sourcils en noir avec une pâte qui n'est pas non plus sans analogie avec la « cire à giberne. » Ainsi s'explique le mot de ce troupier, à propos de la femme de son général : « On dirait qu'elle se fait astiquer par le tambour de la compagnie. »

Après les sourcils, les cils. La même pâte pourra servir à les teindre. Mais s'ils sont trop rares, n'y aura-t-il pas moyen de recourir à un procédé plus radical ; par exemple, de leur en substituer de postiches ? Jusqu'à l'année dernière, j'avais cru la chose impossible ; mais il me fallut bien me rendre à l'évidence. Ainsi me trouvant à l'un de nos bains du midi, j'y vis une dame, d'un âge à peine mûr, qui portait de faux cils comme on porte de fausses moustaches. Au jour c'était hideux ; mais on m'affirma qu'aux lumières il y avait des effets d'ombre prêtant aux illusions. Ce qui me le ferait croire, c'est que, peu de temps après, elle trouvait un mari fort bien de sa personne, et ayant un nom célèbre.

Il est vrai que cette célébrité de nom constituait son seul patrimoine, tandis qu'elle, elle était extrêmement riche. Or, il n'est rien comme une grande fortune pour faire paraître les cils réussis et surtout naturels.

Mais revenons à notre maquillage. Nous supposons les chairs passées au blanc, les sourcils et les cils teints en noir. C'est le moment maintenant de laisser tomber une poudre rose sur les points de la face où doivent exister normalement des couleurs, forçant ou modérant les doses suivant qu'on veut rendre ces couleurs plus ou moins accentuées : opération délicate. Pour peu qu'on n'obtienne pas d'emblée la teinte vierge, et qu'il soit besoin de retouches, on tombe bien vite dans les tons boueux, et tout est à recommencer.

Admettons que tout marche bien. C'est peu d'avoir ainsi appelé la vie dans les tissus ; il faut maintenant que le sang y circule. On prend un pinceau légèrement trempé dans le bleu d'outremer, puis on dessine des veines sur les tempes, le cou, les épaules et les bras, comme on dessine des rivières et des fleuves sur une carte. Ainsi se trouvent renouvelées les merveilles de la statue de Pygmalion.

Voilà l'œuvre enfin terminée. Mais, hélas ! au prix de quels sacrifices. A dater de ce moment, la mère cesse d'être mère ; la femme elle-même cesse d'être femme. Je vous en fais juge.

La mère cesse d'être mère. Que deviennent, en effet, ces épanchements intimes de la famille, ces adieux de l'enfant à l'aïeule, aussi tendres et aussi vifs pour une absence de quelques heures que s'il s'agissait d'une séparation de plusieurs mois? Ce seraient autant de manifestations intempestives, Chacun doit se tenir à distance comme s'il lisait la fatale consigne : « Regardez ; ne touchez pas. » Ne touchez pas, car le moindre baiser sur ces peintures fraîches y produirait de déplorables décalques. Ne touchez pas, car vous-mêmes en rapporteriez de cuisants et nauséabonds souvenirs. Il n'est rien peut-être de plus détestable au goût que cet amalgame de couleurs plâtreuses, métalliques, grenues. Malheur aux lèvres qui en ont approché! Elles conservent longtemps encore une sensation de savon et de cuivre, comme quand on a fait abus de crevettes ou de homards.

La femme, avons-nous dit, cesse elle-même d'être femme. Comprend-on, en effet, un visage féminin réduit à ne pouvoir ni pâlir, ni s'animer, ni rougir, privé en un mot de ces lueurs pasagères et vivantes, qui, plus précieuses que la beauté elle-même, sont comme les reflets de l'âme et la mesure de son impressionnabilité? Au moins sous le masque de la comédie antique, les traits avaient encore la faculté de se mouvoir. Ici l'immobilité est de rigueur. Adieu donc l'esprit; adieu la vivacité; adieu la grâce. Étranger désormais aux plus petites passions humaines, cet être hybride, j'ai presque dit ce mannequin n'a plus le droit d'être étonné, égayé, attristé par quoi que ce soit. Son attitude toujours la même, son éternelle sérénité, seront celles de ces mandarins chinois qui ornent nos paravents et nos potiches. Surtout pas un instant d'oubli; un seul sourire déterminerait des craquelures, une seule larme des lézardes, et bientôt la chute de petits plâtras indiquerait que la débâcle va devenir générale.

La température de la pièce exigera de même la plus attentive surveillance, toute chaleur un peu vive imprimant à la peau un fonctionnement fatal à l'encollage. Que de fois il a suffi d'une ascension baromètrique trop rapide pour transformer un visage frais et rose en une véritable glace panachée !

Enfin, — et ce ne sera pas là le moindre de ses supplices, — quelques démangeaisons que ces enduits lui suscitent à l'épiderme, il lui est interdit d'y porter les doigts, car tout point touché en conserverait les stigmates indélébiles.

Si encore ce travail n'était pas à recommencer tous les jours ! Mais à peine a-t-elle raclé les glacis de la veille qu'il lui faut préparer les peintures du lendemain. Pénélope, elle aussi, s'était volontairement condamnée à un rude et quotidien labeur ; seulement dans ce canevas qu'elle faisait et défaisait sans cesse, elle se proposait du moins de déjouer de coupables convoitises. J'ignore, quant à vous qui, sans cesse aussi, faites et défaites votre visage, ce que vous pouvez au contraire avoir à convoiter : tout ce que je peux vous dire, c'est que le résultat le plus net de tous ces récrépissages, c'est d'inspirer, même à ceux qui vous sont le plus sympathiques, un sentiment de pitié et de répulsion qui est bien près de devenir un sentiment de dégoût.

VII

EAU SOUVERAINE CONTRE LES TACHES DE ROUSSEUR ET AUTRES DE LA FACE.

Taches de rousseur fréquentes chez les blondes; aspect et nature de ces taches; comment agit l'eau souveraine; révélations compromettantes; albâtre devenu ébène; laits; ils ont pour base des mordants chimiques; brou de noix; une marquise changée en chrysalide; badigeon ou peau neuve.

Nous venons de nous laisser quelque peu entraîner loin des cosmétiques de notre héroïne. Hâtons-nous donc d'en reprendre l'inventaire.

Voici une fiole dont l'étiquette porte : « Eau souveraine contre les taches de rousseur et autres de la face. » C'est encore un fard, mais un fard singulièrement ambitieux puisqu'il ne se propose rien moins que de remédier aux taches, quelles qu'elles soient, qui la déparent. Quelles qu'elles soient! Mais telle est la nature complexe de ces taches que, pour qu'une même fiole en triomphât, il faudrait qu'elle eût les vertus magiques de la bouteille enchantée de Robert Houdin.

Ne nous occupons donc, et c'est déjà bien assez, que des taches dont le nom figure nommément sur l'étiquette, à savoir les taches de rousseur. D'ailleurs si notre héroïne s'est procuré l'eau en question, c'est uniquement à cause d'elles, car, ainsi que cela arrive assez souvent aux blondes, elle en a quelques-unes sur les tempes et sur le front.

Ces taches, qu'on désigne communément encore sous le nom d'*éphélides*, sont reconnaissables à certains caractères qu'il est à peine besoin de rappeler. Ainsi leur couleur est d'un jaune fauve, leur volume celui d'une lentille et même moins, leur siége les parties de la peau les plus exposées à la lumière. Bien que, le plus souvent, elles datent de la naissance, elles sont quelquefois le résultat d'une insolation trop continue, comme on l'observe surtout chez les gens de la campagne. Enfin, ne s'accompagnant ni de douleur ni même de démangeaison, elles nuisent plutôt à la beauté qu'elles ne constituent un symptôme maladif.

Voilà ce que tout le monde connaît. Mais, ce qu'on sait moins bien généralement, c'est que, semblables en cela à la matière colorante du nègre, appelée *pigmentum*, elles résident dans le tissu même de la peau. Or si la difficulté de blanchir un nègre est devenue chose proverbiale, croyez-vous qu'il soit beaucoup plus facile de triompher de ces taches? Tout au plus parviendrez-vous à les dissimuler pour un instant sous le léger badigeon que ces eaux, réputées « souveraines, » abandonnent sur les points de la peau où l'on multiplie les lotions.

En effet, la plupart de ces eaux, de même que celle que nous avons sous les yeux, offrent une consistance semi-liquide et une teinte lactescente qu'elles doivent au lait d'amandes, à la farine et à certains mucilages. Malheureusement, comme pour les bains dits « de beauté, » un grand nombre renferment des sels métalliques qui peuvent devenir également l'occasion de surprises et de révélations tout à fait compromettantes.

Je vois encore d'ici, la profonde stupeur de la comtesse K. (un nom en *of*), lorsque, arrivant à l'un des derniers bals de l'hôtel de ville, elle s'aperçut que son visage avait perdu son teint d'albâtre pour prendre un teint d'ébène. Elle ne fit, je puis le dire, qu'un bond du vestiaire à sa voiture. C'est que voici ce qui était advenu. Ce teint d'albâtre, elle le devait en grande partie à une « eau souveraine » quelconque, contenant du plomb. Or, comme il lui avait fallu, pour se rendre à l'hôtel de ville, traverser une rue où se faisait l'une de ces opérations de nuit qui répandent dans l'air de l'hydrogène sulfuré, le plomb resté adhérent à sa peau s'était malencontreusement combiné avec le soufre de l'atmosphère pour produire, comme dans le cas cité par Alibert, cette transformation subite en Éthiopienne.

Telles sont les gracieuses recettes dont on s'arrose le visage sous prétexte de l'embellir. Mais limiter à un simple badigeon la puissance des cosmétiques serait se montrer injuste à leur égard.

En effet il existe de certains *laits*, — nommés sans doute ainsi par antiphrase, car ils renferment, au lieu de principes adoucissants, des mordants chimiques, — lesquels laits s'attaquent bien réellement aux taches de rousseur; seulement il faut, pour les atteindre, qu'ils enlèvent tout d'abord l'épiderme qui les recouvre. Celui-ci tombe par écailles et la figure, pendant plusieurs jours, offre l'aspect d'un érysipèle qui guérit. Mais enfin arrive un moment où les taches ont disparu ; il est vrai que cette disparition n'aura qu'un temps, la peau, par sa ténacité à les reproduire, rappelant assez la terrible clef de la barbe-bleue.

Un autre procédé, qui n'est du reste qu'une variété très-anodine de celui-ci, est mis, tous les ans, en pratique par la marquise de.... trop connue dans nos salons pour que j'ose seulement la désigner par ses initiales. Voici donc ce qu'elle a imaginé :

Dès qu'arrive la fin de l'automne, elle profite de son séjour à la campagne pour se barbouiller la face avec du brou de noix. Il en résulte instantanément une coloration noire de sa peau, semblable à celle que présentent les mains de nos ouvreuses de cerneaux. Bien entendu, à dater de ce moment, sa porte est rigoureusement close pour tout le monde. Surviennent alors les phénomènes de désquammation dont nous venons de parler. Quand son visage, débarrassé tout à la fois de ses écailles et de ses taches, a repris son teint primitif, elle rentre à Paris où l'attendent les succès dus à son esprit et à sa beauté. Mais hélas ! au bout de deux ou trois mois, les maudites taches tendent à se reproduire. Aussitôt notre élégante de battre prudemment en retraite. Elle voyagera, ira à des eaux un peu solitaires ou, restant chez elle, prétextera une absence qui devra durer jusqu'à l'époque qu'elle-même a fixée pour ses évolutions périodiques de chrysalide.

En résumé donc, je ne vois que deux recettes contre les taches de rousseur : « badigeon ou peau neuve. » Il y en aurait bien une troisième : « ne rien faire; » mais, comme ce serait la plus sensée, je crains bien que ce ne soit celle aussi qui ait le moins de chances d'être accueillie.

VIII

POMMADE SICILIENNE CONTRE L'ACNÉ ET LA COUPEROSE.

Réflexions préliminaires; ce qu'il faut entendre par acné et couperose; recettes empiriques; les émailleuses de Londres; leur procès; une note d'apothicaire; pommade sicilienne; son innocuité; ses succès; son mode d'emploi; c'est un dépuratif; utile aussi contre le masque de grossesse.

Si je distrais l'acné et la couperose du prospectus où figurent les taches de rousseur, ce n'est pas seulement parce que la prétendue « eau souveraine » serait impuissante à les guérir; c'est aussi parce que je conteste à ceux qui la débitent jusqu'au droit de les traiter. En effet ces taches sortent du domaine de l'empirisme, tant par leur nature, leur développement et leur marche que par le genre spécial de médication qu'elles réclament.

Peut-être alors voudra-t-on me contester à moi-même, tout médecin que je suis, le droit d'en parler ici, car j'avais déclaré au début de ce travail que je m'occuperais exclusivement de cosmétiques. Or la pommade dont je veux vous entretenir en est-elle réellement un? Je le pense; seulement c'est un cosmétique médical. En tout cas, y eût-il infraction légère à mon programme, j'espère que l'intérêt du sujet me fera trouver facilement grâce devant mes lectrices. Entrons donc résolûment en matière.

— On désigne par les mots d'*acné* et de *couperose* certaines éruptions de la face que caractérisent tantôt de petites granulations logées sous l'épiderme, et donnant au toucher la sensation de la peau dite « de chagrin ; » tantôt de simples rougeurs, d'un aspect plus ou moins luisant, que la pression du doigt ne fait ni disparaître ni pâlir ; tantôt enfin de véritables plaques, d'une étendue variable, que recouvrent ordinairement des efflorescences farineuses ou des squammes. Ces éruptions ont surtout cela de déplorable que, le plus souvent, sans respect pour le sexe, l'âge ou la beauté, elles vont s'implanter au milieu des joues ou même jusque sur l'extrémité du nez, simulant ainsi certains stigmates particuliers aux buveurs. Or, se fier pour les combattre à des recettes dont on ignore les formules, c'est, en plus de mécomptes inévitables, s'exposer aux dangers les plus sérieux. Et cependant, c'est ce qu'on ne craint pas de faire tous les jours !

Il existe même de l'autre côté du détroit toute une corporation de « cosmètes » dont la spécialité est de traiter ces taches et qui, pour prouver combien elles s'écartent des sentiers vulgaires, se donnent elles-mêmes le titre d'*émailleuses*.

Effectivement leur méthode, si toutefois on peut donner ce nom à des pratiques aussi ridicules, a pour but de couvrir la peau de certains topiques destinés à former à sa surface une sorte de plaqué ou de Ruolz. Tant qu'elles ne firent que des dupes, leur commerce alla son train ; mais, plusieurs accidents graves étant survenus, les réclamations des dupes, devenues victimes, amenèrent un procès. Toutefois ce procès eut moins encore pour objet les méfaits mêmes de l'émaillage que le règlement des honoraires, ces dames ayant réclamé des sommes tellement fabuleuses qu'elles laissaient bien loin derrière elles ce qu'on est convenu d'appeler « notes d'apothicaire. » J'ignore ce que l'affaire est devenue. Tout ce que je sais, c'est que les débats si piquants auxquels elle donna lieu, défrayèrent longtemps nos salons aux dépens des émailleuses et aussi un peu des émaillées.

Mais il appartient moins à un médecin qu'à tout autre de s'associer à ces plaisanteries, puisqu'en définitive on ne récuse ainsi son art que parce que son art s'est montré impuissant à guérir. Disons-le toutefois, ce parti désespéré n'aurait plus son excuse depuis qu'il nous est arrivé de Sicile, où ces éruptions sont si fréquentes, une pommade tout à fait inoffensive qu'a précédée le récit de cures admirables, lesquelles, se répétant parmi nous, lui ont promptement valu ses grandes lettres de naturalisation. Dans combien de cas ne l'ai-je pas vue réussir alors que tout avait échoué [1] ! C'est au point qu'ici la guérison est devenue la règle et l'insuccès l'exception.

La première fois que je l'expérimentai, ce fut sur

1. Il vient de se former un dépôt de cette *Pommade sicilienne* à Paris, rue d'Anjou-Saint-Honoré, 26.

une jeune personne qui, depuis cinq ou six ans, avait sur la face dorsale du nez des rougeurs qui faisaient son désespoir. Elle ne voulait plus aller dans le monde, rejetait tous les partis qui se présentaient, refusait même de tenter aucun remède, se déclarant infirme et incurable. C'est alors que je lui parlai de la pommade sicilienne. J'eus d'autant plus de peine à vaincre ses répugnances, qu'elle me dit avoir remarqué que l'application de tout corps gras sur son visage lui avait jusqu'alors été préjudiciable. Cependant elle en essaya; or, bien lui en prit, car, en moins de quinze jours de traitement, toute trace de rougeurs avait disparu.

Cette cure fit sensation. Aussi fus-je appelé presque immédiatement à donner des soins à l'institutrice des enfants du comte X..., qui, depuis plus de quinze ans, avait la figure tellement couperosée que cela avait fini par lui faire une sorte de masque : c'est au point qu'on lui avait donné à entendre qu'elle eût à songer bientôt à prendre sa retraite. Cependant, au bout d'un mois de l'usage journalier de la pommade, il n'existait plus sur sa peau aucune espèce d'éruption.

Enfin deux malades se présentaient dernièrement et le même jour à ma consultation, atteints à peu près au même degré d'un acné des plus intenses. L'un était un étudiant en pharmacie, l'autre une dame d'une cinquantaine d'années. Par la seule application, faite d'une manière suivie, de la pommade sicilienne, tous les deux guérirent, l'étudiant en trois semaines et la dame au bout de six.

Je ne m'étendrai pas davantage sur ces exemples, que je prends un peu au hasard dans ma mémoire, n'ayant point à écrire ici une monographie des éruptions de la face. Un mot seulement sur le mode d'emploi de cette pommade.

On en étend, matin et soir, une très-légère couche sur les points de la peau où existent des boutons ou des rougeurs, en ayant soin, à chaque nouvelle application, d'enlever la couche précédente avec de la batiste ou un linge fin. On continue ainsi jusqu'à ce que les boutons soient entièrement fondus et que la peau ait repris sa coloration normale. Un seul pot suffit d'habitude pour le traitement, dont la durée moyenne est de trois semaines à un mois.

Mais n'est-on pas exposé à faire ainsi rentrer le mal, à renfermer, comme on dit, « le loup dans la bergerie ? » Nullement. Du moins, parmi les nombreux cas qui ont été soumis à mon observation, pas un ne m'a paru de nature à justifier de semblables craintes. Remarquez, d'ailleurs, que la plupart de ces éruptions de la face ne sont accompagnées d'aucune sécrétion ; comment donc admettre qu'il puisse s'opérer des répercussions humorales, alors que l'humeur elle-même est absente ?

Je croirais bien plutôt que la pommade agit ici comme moyen dépuratif, en appelant le principe morbide au dehors. La preuve, c'est que quand il est besoin d'activer son action à l'aide d'une liqueur légèrement caustique, les points touchés deviennent momentanément le siége d'une exsudation superficielle, et à mesure les tissus se dégorgent.

Ce que je viens de dire de l'acné et de la couperose est applicable de même au « masque de grossesse ; » je crois donc inutile d'entrer, à ce propos, dans de nouveaux détails. Ajoutons seulement que cette affection cède en général avec d'autant plus de facilité qu'elle n'a qu'un caractère transitoire, et qu'il est rare qu'elle se rattache, comme beaucoup de maladies de la peau, à une diathèse herpétique.

En résumé, je regarde la pommade sicilienne comme ayant rendu de très-grands services et comme appelée à en rendre de plus grands encore. Si je dis aussi nettement tout le bien que j'en pense, c'est que la recette n'en est pas de moi : mon seul mérite est de l'avoir fait connaître. Si j'en étais l'auteur, j'y mettrais plus de réserve, car, lorsqu'il s'agit de ses propres œuvres, on ne saurait se tenir trop en garde contre les illusions de l'amour-propre et les entraînements de la paternité.

IX

RECETTES CONTRE LES RIDES.

Rides prématurées ; rides consécutives à l'âge ; une recette de Minerve ; Ulysse rajeuni chez Eumée ; triomphe de la chimie ; baguette magique ; état de la peau dans les rides ; eau de Jouvence ; art de savoir vieillir.

J'ignore si notre héroïne aura jamais maille à partir avec l'acné ou la couperose, mais ce dont je suis très-certain, c'est qu'elle ne saurait fuir les rides ;

peut-être même celles-ci viendront-elles la surprendre avant l'époque fixée par la nature. C'est que trop souvent les rides sont moins l'effet de l'âge que la conséquence de l'abus de certains fards.

Mais enfin je les suppose uniquement produites, par les ans ; aura-t-elle quelque moyen de les faire disparaître ? Oui, pourront répondre les poëtes, et au besoin ils invoqueront le témoignage de leur maître à tous. Voici, en effet, ce qu'on lit dans Homère :

« Quand Ulysse, arrivé chez Eumée sous les traits d'un vieillard, voulut se faire reconnaître par Télémaque, Minerve lui versa sur la tête une essence divine, puis le toucha de sa baguette. A l'instant sa rare et blanche chevelure devint épaisse et d'un très-beau noir ; ses joues caves se remplirent ; *les plis de ses tempes s'effacèrent*, et sa barbe argentée prit une teinte d'ébène. »

Voilà ce qu'on ne manquerait pas d'appeler aujourd'hui « le triomphe de la chimie. » Une même eau qui raffermit les chairs, supprime les rides, fait repousser les cheveux et les teint ainsi que la barbe en un noir magnifique ! Que désirer de plus ? Malheureusement le charme ne pouvait opérer qu'à l'aide de certain petit coup de baguette. C'est cette baguette dont les fées ont hérité, mais qui s'est évanouie avec les fées.

Laissons donc Minerve et ses miracles pour ne nous occuper que des ressources que peut fournir la science moderne.

Certes, ce n'est pas moi qui voudrais décourager

nos chercheurs de recettes, et cependant je n'irai par leur dire avec le fabuliste :

Travaillez, prenez de la peine ;
C'est le fonds qui manque le moins,

car c'est au contraire le fonds, c'est-à-dire la peau, qui manque le plus. Si, en effet, les rides n'étaient qu'un simple plissement de cette membrane par laxité de son tissu, on comprend qu'à l'aide d'astringents, il fût possible de lui restituer tout ou partie de son ressort, et, par suite, de faire plus ou moins disparaître ces rides. Mais il y a là une cause beaucoup plus irrémédiable : la débilité sénile. Voyez cette jeune fille au lendemain d'une maladie grave; elle est pâle, amaigrie, fondue, mais elle n'est point ridée. Voyez cette femme, au contraire, dont les années commencent à ne plus se compter par printemps; elle a beau jouir d'une santé parfaite et d'un embonpoint respectable, déjà des rides sillonnent ses tempes et son front. C'est que, chez elle, les muscles qui meuvent ces parties pèchent par défaut d'activité vitale. Pour leur restituer cette énergie qui leur manque, il faudrait, non plus une eau provenant de telle ou telle officine, mais puisée directement à quelque fontaine de Jouvence. Seulement où la trouver?

Une simple remarque. On a écrit et on écrira bien longtemps encore des livres sur « l'art de ne pas vieillir. » Ne pourrait-on pas enfin en écrire un également sur « l'art de savoir vieillir ? »

QUATRIÈME GROUPE.

COSMÉTIQUES DE LA CHEVELURE.

Il est peu de questions, nous l'avons déjà vu en parlant de notre Romaine, qui touchent à la chevelure, sans toucher en même temps à la nationalité des peuples, à leur hygiène, à leurs préjugés ou à leurs mœurs. On ne sera donc pas surpris qu'avant d'aborder l'étude des cosmétiques qui la concernent, nous jetions un rapide coup d'œil sur quelques points de son histoire.

I

DE LA CHEVELURE CHEZ LES ANCIENS.

Prix qu'on y attachait; comment les Perses et les Lydiens se l'enjolivaient; naïve exclamation du jeune Cyrus; Léonidas et ses Spartiates se font friser avant de combattre; cheveux servant de bouclier; les Carthaginoises transforment leur chevelure en cordages; Catapultes; Damoclès et son épée.

Les anciens, ces amants passionnés de la forme, attachaient un tel prix à l'ampleur de la chevelure qu'ils en faisaient un des attributs de la divinité. Quel statuaire ou quel peintre eût jamais représenté Jupiter, Apollon ou Neptune sans une chevelure luxuriante? Virgile, après Homère, ne crut pouvoir mieux donner l'idée de la puissance du souverain maître des Dieux qu'en disant : « Qu'un seul mouvement de sa chevelure faisait trembler tout l'Olympe[1]. » Et les Muses, qui donc voudrait leur ravir le nom de Καλλίκομαι (aux beaux cheveux) que leur donnait Simonide?

Les Perses et les Lydiens aimaient à se friser la barbe et les cheveux; ils entremêlaient au besoin leur chevelure de fils dorés et la nouaient avec des rubans de pourpre. Aussi, raconte Xénophon, quand le jeune Cyrus vit pour la première fois Cambyse, son aïeul, avec tous ces enjolivements, ne put-il retenir cette naïve exclamation : « Mon père, ô mon père, que vous êtes beau! » Et le bon Cambyse de se rengorger.

Une chevelure opulente était encore pour les guerriers l'emblème de la vaillance et de la force. Lorsque, dans Homère, Achille s'élance dans les combats, le vent soulève ses cheveux en boucles orgueilleuses, et la tête du héros se trouve encadrée dans une sorte d'auréole. Thésée, Hippolyte, Télémaque, emportent de même l'idée d'une chevelure luxuriante. Tite Live nous représente Scipion allant audevant de Massinissa, « la tête nue afin de mieux laisser voir ses longs cheveux ruisselant sur ses épaules. » Enfin Léonidas et ses trois cents Spartiates passèrent à se friser et à se parer la tête les dernières

1. On demandait à Phidias où il s'était inspiré pour faire la statue de son Jupiter Olympien, dont on admirait par-dessus tout la merveilleuse chevelure. — Dans Homère, répondit-il.

heures qui précédèrent le combat où ils savaient devoir trouver la mort.

Notons toutefois qu'une longue chevelure avait, en plus de son côté poétique, son côté utile, le cou et les épaules se trouvant ainsi protégés par un bouclier naturel. Ce bouclier, les anciens le dédaignaient d'autant moins, que, combattant souvent à l'arme blanche, il leur servait à amortir l'action du glaive. La longue crinière dont est ombragé le casque de nos dragons n'en est très-probablement qu'une réminiscence.

C'est quelque chose de tout à fait remarquable que cette force de résistance du cheveu. Rappellerai-je que lorsque les Carthaginoises, par un sublime dévouement, transformèrent leurs chevelures en cordages pour les besoins de la flotte, les Romains usèrent vainement des moyens de destruction qui leur avaient réussi alors qu'au lieu de cheveux il s'agissait de chanvre? Ce fut même, assure-t-on, la puissance de cet obstacle qui leur donna l'idée de garnir de cheveux le puissant moteur de leurs formidables catapultes [1].

Je serais donc assez porté à croire qu'on s'est quelque peu exagéré les dangers que faisait courir à Damoclès le mode de suspension de la fameuse épée qui, loin de l'avoir tué ou seulement blessé, a rendu au contraire son nom impérissable.

---

1. Arme de guerre destinée à lancer de lourds projectiles à l'aide d'un levier que faisaient mouvoir des cordages fixés à une roue dentelée.

II

DE LA CHEVELURE EN FRANCE.

Rois chevelus ; une plaisanterie de Vespasien ; longue chevelure, caractère des hommes libres ; rasure, signe de déchéance ; François Ier blessé à la tête ; il se coiffe à la Titus ; Henri III ; bichons ; loupe de Louis XIV ; perruques ; le coiffeur Binette ; Régence ; ailes de pigeon ; queue de rat et catogan ; Louis XV ; poudre à poudrer ; Louis XVI ; coiffures gigantesques ; dénominations bizarres ; comment on se coiffe aujourd'hui ; des ciseaux dans la prise de voile.

Les Gaulois, nos ancêtres, portaient de longues chevelures, et l'épithète de « rois chevelus » sert encore à désigner les rois de la première race. C'est à son immense chevelure qu'on reconnut le cadavre du fils de Chilpéric, que Frédégonde avait fait poignarder et précipiter dans la Marne. C'est à ce même signe que les Bourguignons découvrirent Clodomir parmi leurs prisonniers. Enfin on cite partout cette plaisanterie de Vespasien qui, voyant ses troupes impressionnées par l'apparition d'une comète, s'écria : « Ce n'est pas moi qu'elle menace, mais le roi des Gaules, car lui aussi est chevelu. »

Ces longues chevelures, en même temps qu'elles constituaient l'un des apanages de la royauté, servaient à caractériser les hommes de haute lignée. On jurait par ses cheveux comme on jure aujourd'hui par son honneur. S'arracher un cheveu et le donner à quelqu'un, comme le fit Clovis à saint Germier, était la plus grande marque d'amitié et d'estime. Telle était même l'idée de suprématie attachée à la chevelure que, lorsqu'un débiteur ne pouvait payer sa dette, il allait trouver son créancier, lui présentait des ciseaux et devenait son serf, en se laissant tondre.

Aussi lorsque, plus tard, quelque maire du palais se sentit assez puissant pour déposséder son souverain, commença-t-il par le faire raser, en signe de déchéance, avant de l'enfermer dans un cloître. N'est-ce pas même par une sorte d'allusion dérisoire à la perte presque complète de l'autorité royale sous son règne, que les historiens ont donné l'épithète de « chauve » à l'un des rois les plus faibles de la race carlovingienne ?

Sautons tout le moyen âge pour arriver à une époque plus voisine de la nôtre et, par suite, nous offrant plus d'intérêt.

Nul doute que François Ier ne fût resté fidèle aux longues chevelures, si une brûlure qu'il reçut à la tête[1] ne l'eût contraint d'en faire le sacrifice. Tout le monde alors, à l'exemple du monarque, se fit coiffer à la Titus.

Sous Henri III, on recommença de nouveau à laisser croître ses cheveux ; seulement, il fallait qu'ils fussent roulés en boucles et en anneaux qu'on réunissait artistement par une tresse appelée *bichon* : d'où

___

1. François Ier jouait avec plusieurs seigneurs de la cour, lorsqu'il fut blessé par un tison que lui lança le duc de Lorges, sieur de Montgommery. Singulière fatalité ! C'est le fils de ce même duc qui devait tuer plus tard, dans un tournoi, Henri II, le fils précisément aussi de ce même roi.

l'expression de *bichonné* qui, aujourd'hui encore, veut dire qu'on a quelque peu abusé de la frisure.

Louis XIII avait conservé, depuis son enfance, sa chevelure intacte; aussi son règne mit-il plus que jamais à la mode l'usage des longs cheveux.

La chevelure de Louis XIV s'annonçait devoir être magnifique et il s'en montrait tout fier, lorsqu'une malencontreuse loupe vint à se développer près de son front. Il ne trouva rien de mieux pour la dissimuler que de porter perruque; seulement, au lieu d'avouer franchement ce qui en était, il prit pour prétexte que « la perruque donne à la physionomie de l'homme plus de majesté et plus de noblesse. » Il engagea même ses courtisans à faire comme lui. N'est-ce pas toujours l'histoire du renard qui a la queue coupée?

Comme Louis XIV tenait à être grand dans tout, il le fut jusque dans ses perruques. Sous ce rapport, il fut puissamment secondé par son coiffeur Binette, qui eut même la gloire de donner son nom à un de ces postiches. C'est Binette qui, dans un accès d'enthousiasme, s'écriait que « pour coiffer son roi, il tondrait volontiers tout le peuple français. »

Aux perruques succédèrent, sous la Régence, les ailes de pigeon, la queue de rat, et le catogan enfariné se promenant de l'une à l'autre épaule au moindre mouvement de la tête.

De Louis XV date l'usage de la poudre que tous, vieux et jeunes, hommes et femmes, adoptèrent avec un même enthousiasme.

Sous Louis XVI, les coiffures féminines acquirent

ces proportions gigantesques qui donnent un cachet si bizarre aux portraits de cette époque. Les noms par lesquels on les désignait seraient même tout à fait de l'hébreu pour nous. Il y avait les coiffures en *papillon*, en *oreille d'épagneul*, en *cabriolet*, en *chien fou*, en *poule mouillée*, en *marronnier d'Inde*, en *chasseur dans un taillis*, etc., etc. La reine elle-même en avait imaginé une représentant des collines, des prairies, des jardins et jusqu'à des torrents écumeux. Mais arrêtons-nous. Il est de ces noms doublement sacrés par la vertu et par le malheur qu'il ne faut jamais mêler aux sujets futiles et frivoles. Comment d'ailleurs songer aux gracieuses folies de Trianon ou de Versailles, sans entrevoir, dans une sinistre pénombre, le sanglant spectre de 93 ?

A cette date, tout ce qui rappelait les anciennes modes disparaît et la chevelure subit, comme le reste, le niveau égalitaire. Depuis lors, on a généralement adopté les cheveux de moyenne longueur et les changements n'ont porté que sur certaines dispositions de détail.

Aujourd'hui, chaque homme se coiffe à sa manière; beaucoup même paraissent charmés de ne plus avoir de cheveux, espérant qu'on en attribuera la chute au travail et aux méditations de la pensée.

Chez la femme, au contraire, le prestige est resté le même, une belle chevelure étant encore ce qui nous captive le plus. C'est ainsi que dans la cérémonie si touchante de la prise de voile, nous sommes moins émus peut-être de la grandeur du sacrifice qui va être volontairement consommé, que de la vue des ciseaux qui doivent servir à sa suprême consécration.

III

SOINS HYGIÉNIQUES DE LA CHEVELURE.

Brosses, démêloir et peigne fin ; ventilation ; résille au lieu de coiffe ; pas de bandoline ; s'il faut couper les cheveux des enfants très-jeunes ; chevelures par trop luxuriantes ; elles appauvrissent la constitution ; un cas de chlorose.

Après avoir été pour l'enfance une auréole ingénue, la chevelure, n'en déplaise à ceux' qui en font si bon marché, ajoute à la dignité de l'homme ; elle encadre si gracieusement le visage de la femme qu'il n'y a, sans elle, ni attraits ni beauté ; enfin elle est pour le vieillard, blanchi par les ans, une cause plus puissante d'autorité et de respect.

La chevelure représente, de plus, une sorte de vêtement naturel qui protége contre les influences du dehors non-seulement le crâne, mais les organes importants qu'il renferme. On ne saurait donc attacher trop de prix à son entretien ni trop veiller à sa conservation.

Tel est du reste l'avis de notre héroïne. Nous allons voir qu'il serait difficile de connaître mieux qu'elle et de mettre mieux en pratique les règles d'une intelligente hygiène.

Son premier soin, tous les matins, est de se ventiler la tête en y promenant rudement la brosse, et en se la peignant avec le démêloir et le peigne fin. Il lui semble qu'à mesure que l'air y pénètre, la séve y abonde, d'où résulte pour le cheveu un surcroît de vigueur. Il y a certainement du vrai dans cette explication. Le cheveu ne tient pas seulement du végétal par les sucs qu'il s'assimile, il en tient également par le rôle que joue l'air dans sa vitalité. De même qu'une plante dépérit et s'étiole quand elle est habituellement soustraite au contact de l'atmosphère, de même le cheveu s'étiole et dépérit quand il n'en ressent plus la vivifiante influence. Si les Turcs deviennent chauves de bonne heure, c'est que le turban empêche l'air d'aviver leur cuir chevelu ; par contre, nos gens de service ont d'ordinaire le crâne mieux garni que leurs maîtres, les convenances voulant qu'ils restent plus souvent le tête découverte. Notre héroïne a donc parfaitement raison de s'aérer le plus possible la chevelure.

Mais là ne se bornent pas les soins dont elle l'entoure. Quand, par suite de certaines exigences de la coiffure, ses cheveux doivent être momentanément comprimés, elle évite qu'on les tiraille au point d'en fatiguer la racine ; jamais le fer n'en approche, dans la crainte qu'il ne les rende secs et cassants ; jamais surtout on ne les crêpe, car c'est un moyen à peu près immanquable de les rompre. Rentrée chez elle, elle se hâte de les débarrasser de leurs entraves ; elle les laisse même flotter quelque temps sur ses épaules, afin de mieux les reposer et les assainir.

Enfin, quand arrive le soir, elle les relève et les enroule doucement sous une résille, au lieu de les séquestrer sous une coiffe. L'air pénètre ainsi sans difficulté jusque dans leurs interstices. Ajoutons que cette « coiffure à la chinoise » a le grand avantage d'empêcher les raies de s'user par le frottement, lequel frottement est la cause la plus ordinaire de leur raréfaction.

Voilà, je le répète, d'excellentes pratiques et j'y donne mon assentiment sans réserve. Ce qui me reste à dire se réduit donc à bien peu de mots.

Beaucoup de femmes ont la mauvaise habitude de se mouiller les bandeaux pour se les rendre plus lisses et plus brillants. Elles ignorent que l'eau[1] et surtout la salive, à cause de son alcalinité, altèrent la couleur du cheveu et finissent à la longue par lui ôter de son lustre.

A plus forte raison blâmerai-je l'emploi de ces mucilages albumineux ou gommés, connus sous le nom de *bandolines*, qui encrassent la tête en même temps qu'ils deviennent pour la peau une cause fréquente d'irritation. Je dois dire, du reste, qu'on les a généralement remplacés aujourd'hui par des agents plus hygiéniques.

Il est une question sur laquelle on nous consulte souvent, c'est celle-ci : Faut-il couper les cheveux des enfants très-jeunes?

Les observations comparatives qu'on a faites à cet égard et les arguments dont on les a étayées ont

---

1. Beaucoup d'hommes, surtout d'hommes de cabinet, apportent de même une sorte d'affectation à se plonger matin et soir la tête dans l'eau froide. Il en résulte, presque toujours, plus ou moins de dommage pour la chevelure.

jeté plus de doute que de lumière dans les esprits. Je dois dire toutefois qu'il m'a paru y avoir avantage, et avantage réel, à couper les cheveux dès l'enfance, aussitôt qu'ils dépassent certaine longueur. Il est même des cas où l'indication est positive, je devrais dire urgente, c'est lorsque les sucs nourriciers, par une direction vicieuse, se portent en trop grande abondance au follicule pileux, et cela au détriment des autres systèmes. Il faut alors agir envers ces chevelures comme envers ces branches gourmandes qui appauvrissent l'arbre, en s'appropriant trop de séve.

Et ne croyez pas qu'il n'y ait ici en jeu qu'une question de coquetterie. Je lisais dernièremeut dans un journal de médecine le fait suivant :

« Une jeune fille de 18 ans, dont la splendide chevelure faisait l'orgueil de sa famille, éprouva peu à peu, sans cause connue, une diminution notable de toutes ses forces, et ne tarda pas à offrir les caractères de la chlorose. Vainement on essaya des meilleurs toniques, tels que le vin de quinquina ferrugineux d'Ossian Henry; son état continua de s'aggraver au point de devenir tout à fait alarmant. Enfin, on eut l'idée que sa chevelure, dont l'état luxuriant tranchait si singulièrement avec le dépérissement général, pourrait bien être pour quelque chose dans son mal. On la coupa, et, en effet, la jeune fille ne tarda pas à recouvrer sa première fraîcheur. »

Voilà un fait on ne peut plus concluant. Et pourtant, disons-le, il est très-rare qu'un excès de vitalité dans la chevelure en exige ainsi le brusque sacrifice, tandis qu'il n'est que trop commun de voir ce gracieux ornement être compromis par un défaut de soins ou par des pratiques imprudentes.

IV

POMMADE A LA MOELLE DE BŒUF.

Une métaphore à propos de moelle; graisse de porc; la pommade est fabriquée à Grasse; ce qu'elle contient; c'est un cosmétique naturel; épis; cheveux hygrométriques; savants ébouriffés; nos parfumeurs plus habiles que nos pharmaciens; fraudes; prétendue graisse d'ours.

Si nous n'avons pas parlé des pommades à propos des soins dont notre héroïne entoure sa chevelure, ce n'est pas qu'elle en néglige l'usage; c'est que nous nous proposions d'y consacrer un chapitre à part. Or, le moment est venu de nous en occuper

Parmi les pots qui figurent sur sa table, en voici un qui porte pour signalement un magnifique ruminant tout-à-fait digne de la royauté du mardi-gras, avec cette suscription en caractères historiés : « Moelle de bœuf. »

Moelle de bœuf! voilà encore une de ces expressions dont il ne faut pas prendre le sens trop à la lettre. Quand un parfumeur affirme que sa pommade renferme de la « moelle de bœuf, » il fait une métaphore, comme quand vous dites, après avoir reçu une ondée, que vous êtes « trempé jusqu'à la moelle des os » : dans l'un comme dans l'autre cas, la moelle est hors de cause.

Mais alors que met-il dans sa pommade? Il y met ce qu'il met également dans la « crème d'Aspasie, » dans la « neige de Ninon, » dans le « baume de Ganymède, » dans la « mousse d'Antinoüs, » et autres recettes à dénominations non moins mélodieuses; il y met.... de la graisse de porc.

Voilà, j'en conviens, un bien gros mot; essayons de le justifier.

La petite ville de Grasse, en Provence, doit à son climat et à son sol d'être une sorte de grenier d'abondance où s'approvisionnent nos parfumeurs. Là croissent en plein champ et sans besoin de culture les fleurs dont l'arome est le mieux approprié à ce genre de produits, mais arome tellement fugitif qu'il a besoin d'être incorporé sur place. Or, si les fleurs abondent à Grasse, — et la masse sur laquelle on opère a réellement quelque chose d'effrayant[1], — les bœufs, en revanche, y sont infiniment rares, et ce n'est pas trop de toute leur graisse pour suffire à la pommade que réclame l'énorme consommation de Paris.

Nos parfumeurs reçoivent donc cette pommade toute faite : seulement elle est tellement saturée d'odeurs que, dans l'impossibilité de l'employer pure, il faut la couper avec un corps gras. Ce corps gras ne sera point la moelle, car la moelle ne se lie pas bien; elle tend à former des grumeaux, rancit facilement, puis — cette raison a bien aussi

1. Il est telle maison à Grasse qui consomme ainsi, chaque matin, plus de cinq cents kilogrammes de fleurs.

sa valeur — son prix est trop élevé; toutes circonstances qui font préférer l'axonge, c'est-à-dire la graisse de l'animal dont je ne me sens plus le courage de prononcer le nom une seconde fois.

Une pommade bien préparée constitue, on peut le dire, un cosmétique naturel. Qu'est-ce, en effet, que cette sécrétion sébacée qui s'opère insensiblement à la surface de la tête, si ce n'est une pommade onctueuse destinée à lubréfier les cheveux et peut-être à les nourrir? Cette sécrétion, chez l'enfance, est même tellement abondante, qu'elle forme autour du cuir chevelu une véritable couche (le chapelet), que je comparerais volontiers au terreau dont nous recouvrons le sol que nous voulons fertiliser.

Un autre avantage de la pommade, c'est de prévenir et au besoin de combattre ce redressement partiel et persistant des cheveux qu'on désigne sous le nom d'*épis*. C'est surtout aux époques des grandes chaleurs que ces épis sont le plus sujets à se former et qu'ils se montrent le plus tenaces. Il y a là, en plus de certaines causes accidentelles dont ce n'est pas le moment de nous occuper, une raison physique que je vais essayer de faire comprendre.

Tout le monde connaît le petit instrument appelé *hygromètre*, lequel représente d'ordinaire un ermite dont le capuchon s'abaisse ou se relève suivant qu'il doit pleuvoir ou faire beau. Or, tout le mécanisme de ces mouvements repose sur les variations de longueur qu'éprouve un cheveu enroulé à une poulie et fixé au capuchon. Le temps est-il humide, le cheveu s'allonge, et alors le capuchon s'abaisse;

le temps, au contraire, est-il sec, le cheveu se raccourcit, et alors le capuchon se redresse. Notez toutefois que la condition indispensable pour que tout marche bien, c'est que le cheveu ait été préalablement dépouillé de toute sa matière grasse, sans quoi il ne serait pas assez impressionnable à ces variations de l'atmosphère.

Supposons maintenant qu'une femme, coiffée comme on l'est pour aller au bal ou en soirée, néglige de corriger par de la pommade la sécheresse native de ses cheveux, n'est-il pas à craindre que, si elle quitte une pièce plus froide pour passer dans une autre où règne une température plus élevée, ceux-ci ne deviennent autant d'hygromètres manœuvrant sur sa tête à la manière du capuchon de l'ermite? C'est précisément parce qu'ils se servent trop rarement de pommade que la plupart de nos savants ont toujours quelque chose d'un peu *ébouriffé*.

J'admets donc comme parfaitement indiqué l'emploi habituel ou même journalier de la pommade. Je l'admets d'autant plus que c'est un des meilleurs produits de la parfumerie parisienne. Sous ce rapport, nos pharmaciens auraient beaucoup à apprendre. Ainsi, tandis que leurs pommades se conservent rarement au delà de deux ou trois mois, celles des parfumeurs n'offrent, après plusieurs années, aucune altération; elles peuvent même être transportées sans se décomposer jusque sous la zone torride. C'est que, par un artifice de fabrication heureusement calculé, on leur donne le degré de consistance voulu pour qu'elles puissent résister aux tempéra-

tures les plus élevées. Aussi l'étranger est-il tribu-
taire de Paris pour sa pommade, comme nous avons
dit qu'il l'est pour ses savons.

Mais, et c'est là mon éternel refrain, prenez
garde aux sophistications. Il est si facile d'accroître
le volume et par suite le prix d'une pommade à
l'aide d'un peu de poudre d'albâtre, que peu de nos
coiffeurs résistent à cette tentation[1]. Or, le coiffeur
est l'intermédiaire à peu près obligé entre le parfumeur et la pratique, pardon, le client.

Il pourra même se trouver des industriels qui
manieront la fraude avec assez d'habileté pour la
faire tourner tout à la fois à profit et à honneur. On
n'a pas oublié peut-être le retentissement qu'a eu,
il y a quelques années, certaine « pommade à la
graisse d'ours, » dont on disait merveille. Ce qui, assurait-on, la distinguait de toutes les autres, c'était
son petit bouquet de venaison et de bête fauve, absolument comme les vins de Constance et de Chypre
se reconnaissent à certain goût de bouc. Or, savez-
vous ce qu'était ce petit bouquet de venaison et de
bête fauve? Tout bonnement une odeur de rance,
la prétendue graisse d'ours n'étant qu'une graisse
avariée, qu'on se procurait à vil prix et qu'on débap-
tisait pour la vendre fort cher, par la raison même
qui aurait dû en faire rejeter l'usage.

1. Un moyen bien simple de découvrir cette fraude consiste
à faire fondre un peu de la pommade dans un tube. Si elle
devient liquide sans former de dépôt, c'est qu'elle est pure; si
elle en forme un, c'est qu'elle est sophistiquée.

V

POUDRE POUR LES CHEVEUX.

Un perruquier d'autrefois ; il méritait le nom d'artiste ; sa manière d'opérer ; masque dont on se garantissait la figure ; ce qu'on appelait l'œil de poudre ; réhabilitation de la poudre ; circonstances où elle prévient la chute des cheveux ; accidents produits par de mauvaises poudres ; la poudre la meilleure est à base de cinkhonine ; preuve de son efficacité.

Ce fut sous Louis XV, chacun le sait, que la poudre à poudrer acquit une si grande vogue. Elle formait le complément obligé et comme le dernier mot de la toilette de la tête. Aussi rentrait-elle dans les attributions, non de la femme de chambre, mais de « l'artiste en coiffure, » ainsi que se désignaient déjà Messieurs les perruquiers. Et, en vérité, ce n'est pas moi qui y trouverai à redire, tant il fallait d'art pour mener les choses à bonne fin. Surprenons-en un dans l'exercice de ses fonctions.

Il commence par enlever les pellicules, la poussière et toutes les impuretés qui souillent la chevelure, puis ses doigts chargés d'essence entrent délicatement dans les cheveux, les oignent d'une huile parfumée, et leur donnent cette souplesse sans laquelle ils ne sauraient prendre les formes, parfois si capricieuses, que leur impose la mode. Voyez avec quelle dextérité il jette les mèches à droite ou à gauche, les ramène soit en avant soit en arrière, les lisse en bandeaux, les tresse en nattes ou les roule en

torsades, et cela pour en composer des grappes, des
guirlandes, des couronnes! Voilà enfin chaque détail
à sa place. Montant alors sur un tabouret placé derrière la personne qu'il coiffe, il lui lance des houp-
pées de poudre à l'aide de ces petites saccades de
l'avant-bras qui sont restées l'un des gestes les plus
familiers du gamin de Paris. Il répartit ainsi d'une
manière égale sur toute la chevelure le léger nuage
appelé « œil de poudre. »

Pendant l'opération la jeune femme, ou même la
vieille, car on se faisait poudrer à tout âge, s'est ga-
ranti la figure[1] au moyen d'un masque percé de deux
trous pour les yeux, et muni d'un long entonnoir
par lequel elle respire. A ce moment, notre perruquier, j'aime mieux notre artiste, enlève délicatement avec la lame d'un petit couteau, sans tranchant et sans pointe, les parcelles de poudre qui,
malgré le masque, ont pu s'égarer sur les endroits
où doivent être appliquées les mouches. Ces endroits
sont la joue droite : il y en pose une ; et le pourtour
de l'œil gauche : il y en pose deux. Son œuvre ache-
vée, il fait, en s'éloignant de trois pas, une de ces
profondes révérences dont la recette s'est perdue ;
puis il sort reconduit par un laquais qui, arrivé à la
porte, lui riposte à son tour par une révérence non
moins profonde.

Cette histoire de poudre, qui n'est plus pour nous

---

1. Comme l'opérateur ne pouvait lui-même se garantir de la
poudre, il était toujours plus ou moins enfariné. De là le so-
briquet de *merlan* par lequel, aujourd'hui encore, on désigne
vulgairement les perruquiers.

que de l'histoire ancienne, pourrait bien redevenir de l'histoire moderne, à en juger par la faveur avec laquelle on a accueilli, l'hiver dernier, plusieurs essais de ce genre. Toutefois, si j'en parle, ce n'est point en vue d'une réhabilitation plus ou moins probable; c'est uniquement pour signaler certains avantages qu'on retirerait d'une pratique qu'on a peut-être eu tort de trop complétement oublier. Expliquons-nous.

Il est telles circonstances, comme les suites de couches, telles maladies graves, comme celles qui sont de nature éruptive, où de minutieuses précautions à prendre contre tout refroidissement exigent que la tête reste longtemps couverte. Or, au moment où l'on se décide à donner aux cheveux un peu de liberté et un peu d'air, ceux-ci, agglutinés et flétris, laissent échapper une odeur ammoniacale des plus fétides; il n'est même pas rare qu'ils se détachent par touffes comme une plante qui a pourri sur pied. On pourrait presque toujours prévenir ce déplorable résultat si, chose que je ne néglige jamais, on avait eu soin tout d'abord de poudrer largement la tête, la poudre absorbant l'humidité à mesure qu'elle se forme, et s'opposant ainsi à tout travail de fermentation.

Mais combien il importe de surveiller la composition de cette poudre! On agit dans le voisinage du cerveau et un mauvais choix pourrait amener de graves troubles fonctionnels.

Esquirol a publié le cas d'une jeune fille qui, pour avoir voulu sécher ses cheveux avec une poudre sophistiquée que lui fournissait le parfumeur de sa famille, éprouva, pendant plus de trois mois, d'affreux maux de tête, compliqués d'accès d'épilepsie. M. Aumont a communiqué, de même, à l'Académie de médecine, l'histoire de deux sœurs qui, pour une cause analogue, restèrent longtemps en proie à un effrayant narcotisme. Enfin, j'ai vu dans ma pratique particulière certains faits qui se rapprochent tout à fait de ceux-là.

La poudre de riz, dont j'ai parlé (page 229), remplit parfaitement ici le but qu'on se propose; seulement, comme elle n'a aucun caractère anti-septique, elle ne met pas toujours à l'abri de toute putridité. La substance qui m'a paru devoir quelquefois lui être préférée est la cinkhonine, c'est-à-dire le principe tonique du quinquina; elle vaut mieux que la quinine, qui en est plutôt l'élément fébrifuge. Comme elle n'avait jamais encore été employée à cet usage, il m'a fallu faire d'assez longues recherches pour bien en fixer les doses. Je dois, sous ce rapport, des remerciements à M. Piver, l'un de nos plus habiles parfumeurs, pour le concours qu'il a bien voulu me prêter en préparant lui-même mes formules.

Il me serait facile de citer de nombreux exemples à l'appui de l'utilité de ces poudres. Je me contenterai du suivant que j'ai eu l'occasion d'observer tout récemment.

Une jeune femme, arrivée au neuvième mois de sa grossesse, exprimait devant moi la crainte de perdre ses cheveux à la suite de ses couches, crainte d'autant plus fondée que déjà pareil malheur lui était arrivé lors de ses deux accouchements précédents. Je l'engageai, le moment venu, à se poudrer largement la tête. Elle suivit mon conseil et, grâce à cette précaution, sa chevelure, qui était magnifique, fut entièrement préservée.

Je ne sais jusqu'à quel point ces derniers détails pourront intéresser notre héroïne. Toujours est-il que la voilà prévenue et qu'elle pourra, le cas échéant, en tirer tel parti qu'il lui plaira. Mais que venez-vous d'apercevoir sur sa table de toilette? Un peigne de plomb !

VI

UN PEIGNE DE PLOMB.

Ce qu'il signifie; cheveux roux; fâcheuses préventions; ils ont orné les plus belles têtes; blond vénitien; vénitiennes brunes; peigne de plomb, instrument de mort; comment le plomb noircit les cheveux; du plomb au voisinage du cerveau; un poison plus dangereux à petites doses qu'à grandes doses; cette singularité expliquée.

Cuvier, avec une dent ou un fragment d'os d'un animal, reconstruisait l'animal tout entier, encore bien qu'il eût appartenu à une race disparue. De même ce peigne pourrait nous fournir tout un monde de révélations. Mais, au lieu de prendre les choses de si haut, contentons-nous d'en déduire que notre Parisienne est un peu rousse et qu'elle désire qu'on la croie simplement blonde.

Je n'ai réellement pas le courage de l'en blâmer,

cette teinte, malgré la vogue qu'on a voulu réeemment lui donner dans un certain monde, étant l'objet de fâcheuses préventions [1]. Et cependant le blond doré a été autrefois la couleur privilégiée, celle qui caractérisait les plus beaux types. Aussi que d'exemples, même parmi les plus illustres, on pourrait invoquer en sa faveur!

Cérès était rousse ; sa fille Proserpine plus rousse encore, ce qui ne l'empêcha pas d'être enlevée par Pluton; les cheveux de Circé lançaient des éclairs ardents comme les rayons du soleil; Phœbus n'est devenu classique que grâce à ses « crins dorés ; » c'est à sa chevelure rutilante que Bérénice doit d'être placée au rang des constellations; enfin les toiles de la renaissance ont popularisé cette nuance sous le nom de « blond vénitien. »

A propos de blond vénitien, je n'ai pas été médiocrement surpris de voir qu'à Venise, les femmes sont généralement brunes, et que les seules blondes qu'on y rencontre appartiennent à la race allemande. Or, à l'époque où peignait le Titien, l'élément germanique y faisait nécessairement défaut, puisque Venise, au lieu d'être comme aujourd'hui une simple ville autrichienne, était la puissante république de Saint-Marc. C'est que déjà les élégantes et en particulier les courtisanes trouvaient piquant de donner à leur chevelure des nuances de fantaisie dont la plus recherchée était la nuance dite « fil d'or » (*fila*

---

1. Ces préventions portent même jusque sur le caractère attribué aux roux. Ainsi on dit d'eux généralement « qu'ils sont tout bons ou tout mauvais. »

d'oro [1]) Nous verrons dans un instant comment elles s'y prenaient pour l'obtenir.

Notre héroïne, loin d'ambitionner les tons vénitiens, veut au contraire, nous le savons déjà, éteindre à l'aide d'un peigne de plomb, les reflets trop accusés de sa chevelure. Certes, je la surprendrais grandement si je lui disais qu'un peigne de cette espèce est devenu quelquefois, pour ceux qui s'en servaient, un instrument de mort. Il n'y aurait pourtant rien là que de très-exact, témoin le fait suivant que racontait dernièrement la *Gazette médicale*, le plus autorisé de tous nos journaux de médecine.

Un homme de quarante-sept ans, fort et robuste, vit tout à coup sa santé décliner et son intelligence s'éteindre, sans qu'on pût en soupçonner la cause. Son médecin, le docteur Schotten, se perdait en conjectures, lorsqu'enfin il apprit que, depuis quelque temps, cet homme se servait, plusieurs fois par jour, d'un peigne de plomb pour frotter ses cheveux qui commençaient à blanchir. Il en acquit la preuve matérielle en faisant analyser une sorte de poudre grisâtre dont ceux-ci étaient tout imprégnés ; cette poudre fut reconnue être du sulfure de plomb. On dirigea aussitôt le traitement en conséquence ; mais déjà il était trop tard, et le malade

---

1. Telle est la nuance de cheveux de la « maîtresse de Titien, » que le peintre a représentée dans une attitude telle que, comparée à celle de la Vénus pudique qui lui sert de pendant, au musée de Florence, on a pu dire qu'ici l'artiste chrétien s'était montré payen, et l'artiste payen, chrétien.

succomba avec tous les signes qui caractérisent les empoisonnements de ce genre. « A l'autopsie, dit le docteur Schotten, je trouvai une stase sanguine considérable dans le cerveau, et un abcès volumineux à la base du crâne.

Ce fait, qui n'est point unique dans la science, a pour nous un double intérêt. D'abord il nous apprend que, si le plomb noircit ainsi la chevelure par son contact, c'est en se combinant avec le soufre que contient le cheveu lui-même ou qui s'exhale de la tête par la transpiration, cette combinaison donnant naissance à un sulfure noir. En second lieu, il confirme ce que nous avons dit plus haut des accidents que ce métal développe dans l'économie, une fois qu'il y a pénétré.

On objectera peut-être qu'il fallait que l'intéressante victime de ce malencontreux peigne fut prédestinée à mourir par le plomb ou même qu'elle y mît un peu de complaisance, car enfin que sont quelques parcelles de plomb appliquées sur la tête, en comparaison de ces solutions d'extrait de Saturne (*acétate de plomb*) dont on arrose un membre en cas d'entorse? Or jamais pareil traitement de l'entorse par le plomb n'a produit rien d'analogue.

Cela est vrai. Seulement pour bien comprendre ce désaccord apparent dans l'action d'un même poison, il faut tenir compte et des conditions locales d'absorption dans lesquelles il est placé et des différences de temps qu'a duré son emploi.

Conditions locales d'absorption. L'absorption, chacun le sait, est beaucoup moins active à la jambe qu'à la tête, la peau de ces parties étant moins poreuse, les vaisseaux moins abondants, puis enfin les distances rendant le transport au cerveau plus lent. A peine, au contraire, une substance quelconque a-t-elle touché le cuir chevelu que déjà, on peut le dire, elle est arrivée au cerveau. C'est qu'ici, en plus de l'abondance des vaisseaux et de la brièveté du trajet, il y a les milliers d'ouvertures dont la boite osseuse est criblée, et qui font librement communiquer l'intérieur avec l'extérieur du crâne.

Durée différente d'emploi. Une dose faible, mais longtemps répétée, d'un agent toxique pourra produire des effets plus marqués qu'une dose plus forte, mais moins continue, de ce même agent. Un exemple. Faites avaler en une fois à un adulte tout un gramme de calomel (*proto-chlorure de mercure*); il en sera quitte pour une légère purgation. Divisez-lui au contraire cette même quantité de calomel par fractions de cinq centigrames et faites-lui en prendre une tous les jours, vous êtes à peu près certain qu'avant qu'il n'ait consommé la totalité de grammes, il sera atteint de salivation et autres accidents mercuriels. C'est que, dans ce second cas, tout a été absorbé, tandis que, dans le premier, tout ou presque tout a été éliminé.

Ainsi pour le plomb. L'emploi à haute dose de ce métal sur des surfaces peu absorbantes et éloignées du cerveau n'amènera rien de fâcheux, tandis que le contact journalier et incessant d'un simple peigne de plomb avec la chevelure pourra devenir l'occasion d'accidents formidables[1], la tête, nous venons de le voir, se trouvant entourée d'une atmosphère plombique.

« Mais, répliquera notre héroïne, il s'en faut de beaucoup que je fasse du plomb un abus aussi étrange; la preuve même que tout le monde n'en meurt pas, c'est que je me porte à merveille.

— Soit; et je vous en félicite. Mais, quand vos cheveux commenceront à grisonner, ne serez-vous pas tentée de forcer les doses?

— Pas le moins du monde. D'abord il n'est pas sûr que je n'en prenne point mon parti. Puis, n'ai-je pas toujours la ressource de ces teintures végétales qui s'infiltrent dans la chevelure sans porter atteinte à la vitalité?

— C'est là que je vous attendais. Ah! vous croyez aux teintures végétales, à leur infiltration dans les chevelures et à leur respect pour les vitalités! Laissez-moi donc vous dire ce qu'il faut penser de toutes ces préparations.

1. Ainsi s'explique l'action de certains médicaments homœopathiques, je parle de ceux qu'on administre à dose réelle et non à dose illusoire. Leur activité propre, le soin avec lequel on les triture pour les rendre plus assimilables, l'absence de tout principe acide pouvant fermer les orifices absorbants, enfin la continuité de leur emploi, ce sont là autant de circonstances qui peuvent faire que des fractions relativement minimes produisent plus d'effet que des « quantités massives. » Mais, prétendre qu'il en sera de même pour tout médicament, son action devant être d'autant plus énergique que les doses en seront plus faibles, est une de ces graves hérésies qui reçoivent un égal démenti du raisonnement et de l'expérience.

VII

UN PROSPECTUS.

Habileté de sa rédaction ; ce qu'il contient de vrai ; ce qu'il contient de faux ; plantes tropicales ; sucs végétaux ; ce que sont ces plantes et ces sucs ; mercure, argent, plomb.

Précisément, je viens de recevoir le prospectus de l'une d'elles qui, par l'habileté de sa rédaction, peut passer pour un modèle du genre. Je veux vous en citer textuellement quelques passages, pour que vous ne puissiez m'accuser ni de prévention ni d'injustice. Voici comment ce prospectus débute :

« Un cheveu est un végétal. Le point où il s'implante dans la peau présente un petit renflement nommé *bulbe* ou *follicule*, que remplit une humeur assez analogue à la séve. C'est là le réservoir où il puise les sucs qui doivent fournir à son accroissement ; c'est là également qu'il reçoit les nerfs qui lui donnent sa sensibilité. On a pu d'autant mieux comparer un cheveu à un végétal que, pour l'un comme pour l'autre, la nutrition s'opère à l'aide de fibriles spongieuses et déliées. Il y a toutefois cette différence que, tandis que le végétal vit dans sa racine et dans sa tige, le cheveu ne vit que dans sa racine. On a bien invoqué, comme preuve que la tige du cheveu est vivante, le redressement qu'elle éprouve, dans ce qu'on appelle « l'horripilation ; » mais c'est là un effet purement mécanique du froncement de la peau, absolument comme, dans la « chair de poule, » se hérissent les papilles de l'épiderme. »

Tout cela est fort exact et dit d'un ton magistral disposant tout à fait en faveur de ce qui va suivre.

Continuons donc :

« Le cheveu est creusé dans toute sa longueur d'une cavité qu'occupe une sorte de moelle. C'est cette moelle qui, suivant la manière dont elle est colorée, communique au cheveu la nuance qui lui est propre. Pour modifier cette nuance, il faut donc faire arriver jusqu'à la moelle elle-même la liqueur tinctoriale. Or, notre EAU réalise admirablement ce problème. Composée exclusivement du suc de certaines plantes que les brises du Levant ont amoureusement caressées, elle pénètre spontanément le cheveu à travers sa gaîne en même temps que, par une mutuelle affinité, le cheveu se l'assimile. De là une transmutation immédiate. Aussi la vogue extraordinaire et si méritée.... » (*Le reste comme dans tous les prospectus.*)

Voilà une tirade qui gâte un peu la première, du moins quant à ses conclusions. Comment! Vous prétendez que votre EAU renferme des sucs tellement subtils qu'ils s'imbibent dans la gaîne du cheveu pour aller se mêler à la moelle et la colorer! Vous ignorez donc que cette gaîne a la dureté et l'imperméabilité de la corne. Je vous garantis, moi, que, quelle que soit la subtilité de vos sucs, ils resteront forcément à la surface.

Mais, objecterez-vous peut-être, il faut bien qu'ils

la pénètrent, puisque le cheveu est réellement teint et que sans cela il ne serait que peint.

Le tout ici est de s'entendre. Sans doute il paraît possible, ainsi que nous le verrons dans un instant, de modifier la couleur du cheveu en faisant arriver certaines substances par son bulbe; mais telle n'est pas votre manière d'agir, encore moins de raisonner. Vous appliquez votre EAU directement sur le cheveu lui-même, puis vous affirmez qu'elle le traverse par la seule puissance des sucs que vous ont fourni certaines plantes. Oui, elle le traverse, mais grâce à des mordants chimiques, et non grâce à des sucs. Demandez plutôt à MM. Chevalier et Réveil, qui ont analysé votre fameuse EAU, quel nom portent dans nos climats les sucs soi-disant végétaux qu'elle renferme. Ils vous diront[1] que cela s'appelle du mercure, de l'argent et surtout du plomb. D'où ces messieurs infèrent que votre jardin botanique, avec ses brises amoureuses du Levant, pourrait bien n'être autre que le quartier des Halles ou la rue des Lombards. Maintenant,

Comment en un plomb vil l'or pur s'est-il changé?

Ceci n'est plus mon affaire. Qu'il me suffise d'avoir rectifié ces licences par trop fortes de géographie et prouvé que, dans toutes ces teintures, il y a constamment quelque métal sous roche.

---

1. Voici le titre de leurs ouvrages où se trouvent ces analyses. M. Chevallier : *Note sur les cosmétiques, leur composition et les dangers qu'ils présentent sous le rapport hygiénique.* 1860. M. Réveil : *Des cosmétiques au point de vue de l'hygiène et de la police médicale,* 1862.

VIII

PRINCIPE COLORANT DES CHEVEUX.

Sa nature chimique; du soufre et du fer; leur proportion variable suivant les chevelures; influence des climats sur la couleur des cheveux; exemples de canities subites; Saint-Vallier; Ludovic Sforze; Thomas Morus; Marie-Antoinette; explications difficiles; conséquences à tirer.

Le prospectus que nous venons de reproduire et les quelques réflexions dont nous l'avons accompagné, indiquent déjà ce que sont ces teintures. Mais c'est là un sujet tellement important, ne fût-ce qu'à cause des questions d'hygiène qui s'y rattachent, que nous ne saurions nous borner à un aperçu aussi sommaire. Il nous faut nécessairement entrer dans plus de détails.

Disons d'abord de quoi se compose le principe qui colore normalement la chevelure.

La couleur des cheveux peut être ramenée à quatre types principaux : le noir, le blond, le roux et le blanc. Voici maintenant ce qu'apprend l'analyse chimique :

Les cheveux noirs contiennent un excès de fer et peu de soufre;

Les cheveux blonds, un excès de soufre et peu de fer;

Les cheveux roux, une quantité moyenne de fer à l'état d'oxyde rouge et très-peu de soufre;

Enfin les cheveux blancs, de faibles traces de fer et à peine de soufre.

C'est donc à la présence du fer et du soufre qu'est due la coloration des cheveux, et, suivant que l'un ou l'autre de ces principes prédomine, vous avez toutes les variétés de nuances imaginables.

Certaines couleurs paraissent être plus particulièrement propres à certains climats. Ainsi, plus on approche des régions septentrionales, plus les cheveux prennent une couleur blond-cendré; près des pôles, la matière pigmentaire fait même presque entièrement défaut; de là cette fréquence extrême des Albinos[1]. Les peuples, au contraire, qui habitent les pays tempérés, à plus forte raison les pays chauds, se font remarquer par la teinte noire de leur chevelure; cette teinte acquiert même, sous la zône torride, une telle intensité que les cheveux deviennent crépus et comme carbonisés par l'action du calorique; tels sont ceux du nègre.

Quant à conclure, comme on a voulu le faire, de la couleur des cheveux au caractère de l'individu, ce sont là des vues plus spécieuses que vraies.

D'après ce que nous venons de dire du mode de coloration de la chevelure, il semble que ce soit une affaire purement chimique. Cependant il faut bien faire une part aussi à l'influence vitale; sans cela, comment expliquer ces décolorations subites cau-

---

1. Cette action du froid sur la matière pigmentaire impressionne jusqu'aux animaux. Ainsi, aux approches de l'hiver, l'hermine devient d'un blanc de neige et le lièvre des montagnes offre un pelage beaucoup moins gris.

sées par une émotion , une terreur, un saisissement quelconque? L'histoire abonde en faits de ce genre.

Saint-Vallier, au dire de Lorry, aurait été atteint d'une canitie[1] complète en apprenant que sa fille, Diane de Poitiers, était devenue la maîtresse du duc d'Orléans, depuis roi sous le nom de Henri II.

Mézerai raconte que Ludovic Sforce, surnommé le More, fut saisi d'une telle frayeur, la veille de son supplice, que sa barbe et ses cheveux, qui étaient d'un très-beau noir, devinrent d'un blanc argenté; c'est au point que les geôliers s'imaginèrent, en entrant le lendemain dans sa prison, que c'était un autre qui avait pris sa place.

Le chancelier Thomas Morus, si l'on en croit Gibbon, offrit le même phénomène lorsqu'on vint lui signifier son arrêt de mort.

Et, sans aller chercher si loin nos exemples, qui ne sait que les cheveux de l'infortunée Marie-Antoinette blanchirent, de même, pendant la nuit qui précéda son exécution?

Voilà des faits qu'on ne saurait récuser, mais qu'il est bien difficile d'interpréter scientifiquement. On a dit que, sous l'influence de la commotion morale, l'huile des cheveux tournait à l'aigre, et que sa décoloration suivait de près son acidité; on a dit encore qu'il s'établissait à l'intérieur du cheveu un courant électrique qui avait pour résultat d'en éliminer le fer, et en même temps de rendre impossible toute nouvelle absorption de ce métal. Mais ce sont là des

1. Du mot latin *canus*, blanc.

affirmations hasardées, qui prouvent bien plutôt le néant de nos connaissances qu'elles n'expliquent la nature réelle du phénomène.

Toujours est-il qu'il ressort de ces faits que la matière colorante du cheveu n'est pas tellement séquestrée dans sa gaîne, qu'elle ne puisse être influencée par les causes physiques et même morales qui influencent l'individu lui-même. Prenons-en acte; nous allons avoir bientôt à y revenir.

IX

TEINTURES.

Une communication de M. Stanislas Julien; procédé chinois; breuvages ayant un goût de fer; eau puante et pommade brune; rapprochements physiologiques; procédés usités en France; les teintures noires ont pour base des solutions métalliques; comment agissent l'argent et le plomb; les teintures blondes ou rouges ont pour base l'acide nitrique; procédé vénitien; alun et rayons solaires.

Un célèbre orientaliste, **M.** Stanislas Julien, faisait, il y a quelques années, à l'Institut la curieuse communication suivante : « Les Chinois ont su atteindre et transformer, au moyen de médicaments et d'une alimentation particulière, le liquide qui colore le système pileux, et donner aux cheveux blancs et roux une teinte noire qui se maintient intacte jusqu'à la vieillesse. C'est par ce moyen que les Chinois, en corrigeant les écarts de la nature, peuvent se dire, depuis la plus haute antiquité, *le peuple aux cheveux noirs.* »

Et, en effet, l'un de nos confrères qui a fait partie de la dernière expédition de Chine, me disait que rien n'est rare dans ce pays comme de voir des cheveux blancs ; rien n'est rare non plus comme d'en voir de blonds ou de roux. Ce serait, croit-il également, à l'aide d'une médication interne qu'on arriverait à modifier ainsi leur couleur. Mais en quoi consisterait-elle ? Les Chinois s'entourent à cet égard d'un tel mystère qu'il lui a été impossible de se procurer aucun renseignement précis. Le peu que nous en savons se borne à l'épreuve qu'en aurait faite sur lui-même un naturaliste français, lequel affirme être parvenu à changer par cette méthode ses cheveux roux en cheveux noirs.

« On me faisait boire tous les matins, raconte-t-il, une tasse pleine d'un liquide qui laissait à la bouche une saveur astringente et un goût de fer; puis on me frottait la tête avec une pommade brune et une eau puante qui jaunissait légèrement la peau. »

Voilà une eau puante et une pommade brune qui, je l'avoue, me donnent singulièrement à réfléchir. Ne constitueraient-elles pas la véritable recette tinctoriale, tandis que les breuvages ne seraient qu'un moyen accessoire ou même une jonglerie ? Cependant notre naturaliste paraît si convaincu de la réalité de leur action qu'il faut bien un peu le croire sur parole. D'ailleurs, les effets attribués à ce mode de traitement ne sont nullement en désaccord avec les lois d'une saine physiologie.

C'est un axiôme dans la science que certains aliments, certaines préparations influent sur la couleur des tissus. Ainsi le plumage des oies qu'on nourrit avec de la chair de poisson prend une nuance un peu orange ; les chiens et les lapins à qui on fait manger de la garance ont les os colorés en rouge ; quand on soumet un malade à l'usage interne de l'azotate d'argent, sa peau ne tarde pas à offrir une teinte bronzée ; enfin il résulte des expériences du docteur Boucherie qu'il suffit d'arroser une plante ou un arbre avec certaines solutions pour leur communiquer la variété de couleurs que l'on désire.

Pourquoi donc le cheveu ferait-il exception ? Il appartient à la fois à la vie animale et à la vie végétative ; à la vie animale par la solidarité qui le lie aux autres organes : témoins les décolorations spontanées dont nous venons de parler ; à la vie végétative, par les matériaux qu'il puise dans le cuir chevelu : c'est même là sa base de nutrition. Nous venons de voir encore que c'est à l'absence plus ou moins complète du fer qu'est due l'amoindrissement de ses teintes. Par conséquent, il ne répugne nullement d'admettre qu'en introduisant dans l'estomac du fer sous une certaine forme, — et l'arrière-goût de la potion chinoise semble indiquer sa présence, — ce fer soit absorbé puis charrié par le sang jusqu'au follicule pileux d'où il sera versé dans le cheveu pour lui communiquer une couleur noire.

Cette méthode [1], toutefois, n'a pour nous jusqu'à présent qu'un simple intérêt de curiosité, puisque

---

1. Un médecin belge affirme l'avoir expérimentée avec un entier succès. Il en a même fait la base d'un traitement que sa veuve exploite, mais qui est resté à l'état de secret.

nous ne l'avons pas vu mettre en pratique. Il est donc inutile que nous y insistions davantage.

Le procédé généralement employé chez nous pour teindre les cheveux en noir diffère essentiellement du précédent en ce qu'on administre l'agent tinctorial sous forme de topique et non de breuvage. Par conséquent, au lieu de lui faire traverser le bulbe par voie d'absorption, on lui fait traverser la gaîne par voie d'imbibition ; et comme cette gaîne, nous l'avons déjà dit à propos du fameux prospectus, offre trop de résistance pour que les solutions végétales la pénètrent, force est de recourir aux solutions métalliques.

De tous les métaux, le fer serait incontestablement le mieux indiqué par suite du rôle qu'il joue dans la coloration de la chevelure. Mais les divers essais qu'on a tentés n'ont abouti qu'à des résultats défectueux ; au lieu d'une belle couleur noire on n'a obtenu que des tons grisâtres et mats.

Les substances les plus usitées aujourd'hui pour préparer ces teintures sont le plomb et l'argent. Leur action toute chimique est, du reste, très-facile à comprendre.

Le plomb, traversant la gaîne du cheveu, se combine avec le soufre que contient la moëlle pour former un sulfure noir ; seulement, comme ce soufre pourrait ne pas s'y rencontrer en quantité suffisante, on en ajoute presque toujours à la teinture.

L'argent traverse, de même, la gaîne pour former avec le soufre un sulfure de même couleur; il est d'usage toutefois, comme dans les épreuves de pho tographie, de terminer l'opération par un lavage avec l'acide gallique. On obtient ainsi, plus rapidement qu'avec le plomb, la teinture dite « à la minute, » et on est moins exposé aux décalques.

Voilà pour les teintures noires, les seules, à vrai dire, employées en France. Un mot cependant sur les teintures blondes ou mêmes rousses, ces dernières comptant encore quelques fanatiques.

Pour préparer ces teintures, on mélange de l'acide nitrique (*eau forte*), à une certaine quantité d'eau pure, et on en lave tout simplement les cheveux. Ceux-ci, vivement saisis par l'acide, ne tardent pas à offrir la couleur désirée dont on varie les nuances à volonté, en concentrant plus ou moins la solution.

Les Vénitiennes, à l'époque ou peignait le Titien, y mettaient plus de science et plus d'art. Ainsi, de même que Prométhée, pour animer sa statue, avait été jusqu'à dérober le feu du ciel, de même aussi, pour dorer leur chevelure, elles allaient jusqu'à dérober au soleil quelques-uns de ses rayons. Voici en effet ce que nous apprend César Vecellio, neveu du célèbre peintre : « Les femmes, après s'être largement enduit la chevelure d'un mélange de soufre, de miel et d'alun (il en indique les proportions), restaient plusieurs heures assises sur leurs terrasses jusqu'à ce que le soleil y eût suffisamment fixé les couleurs. Et, pour se préserver le teint, elles se servaient d'un

---

1. Dans son livre intitulé : *Degli habiti antichi e moderni.* (Des usages anciens et modernes.)

large chapeau de paille appelé *solana*, dont le fond était percé d'une ouverture par laquelle leurs cheveux, s'échappant au dehors, s'étalaient sur leurs épaules où ils s'imprégnaient des effluves solaires. »

Tout poétique que puisse être ce procédé, nous ferons remarquer qu'ici encore la teinture était constituée par un agent métallique, *l'alun*, qui en formait la base.

X

QUELQUES REMARQUES SUR LES TEINTURES.

Leur côté dangereux ; empoisonnement de Mlle Mars ; leur côté ridicule ; Archidamus à Cœus ; Laïs à Miron ; les hommes moins excusables que les femmes ; leur punition ; les teintures font tomber les cheveux ; un mot d'Auguste à sa fille.

Nous n'avons jusqu'à présent envisagé les teintures qu'au point de vue de leur composition et de ce qu'on pourrait appeler leur action topique. Un mot maintenant sur la manière dont elles impressionnent l'économie.

Tout ce que nous avons dit des dangers du plomb, tant à propos des fards que du malencontreux peigne dont nous avons narré les méfaits, peut s'appliquer aux diverses teintures, quelque soit le métal, plomb ou argent, qui en constitue le mordant. Ce sont, en effet, autant de préparations vénéneuses qui ne varient que par les différences d'aspect ou de gravité des accidents qu'elles développent.

Si encore on était sûr d'obtenir toujours ainsi la

couleur que l'on désire! Le danger aurait du moins sa compensation dans le succès; mais toutes les qualités de cheveux ne sont pas également aptes à recevoir ces teintures. Vous en trouverez de tellement réfractaires qu'elles ne vous offriront jamais que des nuances sans nom ou des reflets impossibles [1].

Toutefois ces cas deviennent de plus en plus rares, l'art de teindre les cheveux ayant fait dans ces derniers temps les progrès les plus notables. Ainsi je connais des personnes qui, depuis nombre d'années, font usage de quelques-unes de ces préparations (je ne dis pas de toutes), sans que nul puisse s'en douter et sans que leur santé ait paru en avoir aucunement souffert. Mais qui sait ce que l'avenir leur réserve? Mlle Mars, elle aussi, se teignait les cheveux, dans l'espoir d'une éternelle jeunesse, lorsqu'une nouvelle application détermina, sans motifs appréciables, de tels désordres cérébraux qu'elle succomba en une nuit.

Qu'ai-je parlé d'une éternelle jeunesse! Pour parvenir à en prolonger ainsi, non pas la réalité, mais les apparences, il faudrait que les années n'apportassent en nous d'autres changements que la décoloration de la chevelure. Malheureusement tout dans notre physionomie est solidaire; tout vieillit dans la même mesure et à la même heure. Notre regard, avec l'âge, perd de sa vivacité, notre voix, de son

---

1. Il y a même cette particularité singulière que telle préparation essayée avec succès sur une mèche détachée de la chevelure, peut échouer dès qu'on opère sur la chevelure en place, en ce sens qu'elle ne donne plus les mêmes nuances.

éclat, notre sourire, de sa fraîcheur et de son
charme. L'esprit seul a quelquefois le précieux privilége de devenir plus ferme et plus solide. Ce privilége, gardez-vous donc de l'abdiquer en établissant
des contrastes là où la main du créateur se plaît à maintenir un si harmonieux ensemble, et que vos teintures intempestives n'aillent pas d'une tête vénérable
faire une tête burlesque.

Mais il me semble entendre d'ici quelqu'une de
mes lectrices me faire remarquer qu'au lieu d'acca-
bler ainsi de pauvres femmes dont le seul crime, en
définitive, est de vouloir continuer trop longtemps
de nous plaire, je devrais bien plutôt réserver mes
foudres pour ces ci-devant jeunes gens qui ont
les mêmes travers sans avoir les mêmes excuses,
leur unique but étant de se complaire à eux-
mêmes.

Je comprendrais le reproche si réellement il m'é-
tait loisible de sortir du cadre que je me suis tracé
dès le début, et dont l'intitulé même de ce travail me
rappelle à tout instant les limites. Ah! que ne puis-
je, en effet, prendre à partie quelques-uns de ces
lions sur le retour, qui font ainsi parade de leur fausse
crinière! Avec quel plaisir je leur décocherais quelque compliment dans le goût de celui qu'Archidamus
adressait à cet ambassadeur, du nom de Cœus, assez
mal inspiré pour se présenter devant lui avec des
cheveux teints! « Que peux-tu dire de vrai, lui cria-
t-il, toi qui portes le mensonge sur ta tête? » Le mot
était vif, mais franchement le vieux diplomate ne
l'avait pas volé.

Cœus n'est pas le seul qui, pour le même motif, ait reçu quelque sanglante leçon.

Le sculpteur Miron ne s'avisa-t-il pas, à l'âge de 71 ans, de devenir éperdument amoureux de la fameuse Laïs ! Voyant ses hommages repoussés, il s'en prit à sa chevelure qu'il fit teindre du plus beau noir, puis il revint plus que jamais à la charge. C'est alors que, pour tempérer ses airs conquérants, la courtisane lui dit du ton le plus sérieux : « Comment veux-tu que je t'accorde aujourd'hui ce que j'ai refusé hier à ton père ? »

Que ces exemples ne soient pas perdus pour nous. Telle pratique peut à la rigueur se justifier chez une femme, qui sera toujours profondément ridicule chez un homme. Du reste la coquetterie masculine n'est pas non plus à l'abri des accidents que développent les teintures : elle court même, nous allons le voir, un danger de plus.

Je connais un ancien capitaine de la garde nationale qui crut de la dignité de son grade de se teindre les moustaches dès qu'elles commencèrent à grisonner. A dater de ce moment, ses digestions, excellentes jusqu'alors, devinrent difficiles et laborieuses ; bientôt ses forces déclinèrent ; il tomba même dans un tel dépérissement que, vu l'impuissance des remèdes, je ne sais ce qui serait advenu si, assistant un jour à son repas, je n'avais eu l'idée qu'il était sous le coup d'un empoisonnement causé par la teinture de ses moustaches. Chaque fois, en effet, qu'il buvait, la pointe de celles-ci, qu'il portait fort longues, plongeait dans le verre, et abandonnait ainsi quelque peu de sa matière colorante, que la boisson entraînait à mesure dans l'estomac. Je lui prescrivis, pour toute ordonnance, de cesser de se les teindre et, au bout de peu de temps, notre guerrier me dit être complétement guéri.

Mais hâtons-nous de rentrer dans notre cadre, dont nous nous écartons juste au moment où nous déclarions ne pouvoir le faire.

Il me paraît donc suffisamment prouvé par ce qui précède que, quelle que soit la composition de ces teintures, on joue toujours très-gros jeu en y ayant recours.

Un autre inconvénient attaché à leur emploi, c'est que, comme elles doivent être appliquées tout près de la racine des cheveux, sans quoi le point oublié trahirait la ruse, elles finissent à la longue par en dessécher le bulbe, et par compromettre ainsi la chevelure. C'est ce qu'Auguste fit comprendre à sa fille, un jour qu'il la surprit se faisant teindre les cheveux :

« Que préfères-tu, lui dit-il, être blanche ou chauve?

— Blanche, répondit-elle.

— Pourquoi alors employer les moyens qui te rendront bientôt chauve? »

Cette anecdote, malgré sa date, n'a rien perdu de son actualité. Personne même plus que notre héroïne n'est capable d'en apprécier la justesse, car, chose que nous ignorions, elle commence à perdre de ses cheveux, et tout ce qui tend à le lui rappeler lui cause une douloureuse émotion. Essayons donc, pour qu'elle ne nous garde pas rancune, de rechercher avec elle s'il n'existe pas quelque moyen de lui venir en aide.

XI

CALVITIE.

Calvitie sénile et calvitie par épuisement; pas de remède; calvities qui peuvent guérir; comment s'annonce la calvitie chez la femme; chute des cheveux arrêtée; possibilité de les faire repousser; des spécifiques; remonter aux causes.

La chute partielle ou totale des cheveux est connue généralement sous le nom de calvitie[1]. Elle constitue, chez le vieillard, une sorte d'état normal; mais il n'est pas rare de la voir devancer les ans. C'est qu'indépendamment de certaines prédispositions individuelles, une foule de circonstances se rattachant surtout à la vie fiévreuse qu'on mène au sein de nos grandes villes, détermine dans le système nerveux des réactions et des ébranlements dont la chevelure, si voisine du cerveau, ressent inévitablement le contre-coup. Ai-je besoin de rappeler qu'au premier rang se placent les trop fréquents voyages à Cythère et les trop copieuses libations à Bacchus?

Contre les calvities séniles, n'espérez rien ni de la nature ni de l'art. Il serait même irrationnel de

---

1. Du mot *calvus* (chauve). On l'appelle quelquefois encore alopécie, du mot αλωπηξ (renard), parce que cet animal est assez sujet à perdre ses poils : drôle de rapprochement!

tenter quoi que ce soit, car arrive un âge où le bulbe pileux s'atrophie au point qu'on ne distingue plus, même avec une forte loupe, l'orifice par lequel il livrait passage au cheveu. C'est ainsi que l'avulsion d'une dent finit à la longue par amener l'oblitération de l'alvéole.

Quant aux calvities anticipées qui résultent de l'épuisement de tout l'organisme, elles ne sont que le symptôme d'un état plus général, et, par suite, elles ne rappellent que trop souvent l'incurabilité des calvities séniles.

Mais il en est d'autres qui se rattachent au contraire à une affection toute locale, et dans lesquelles la vitalité du bulbe est simplement amoindrie sans être éteinte. Ces calvities dépendent si peu d'une influence morbide générale que vous pourrez les voir survenir au milieu de la santé la plus florissante et même de l'exubérance de la jeunesse. Celles-là peut-on tenter de les guérir?

Pourquoi pas? Ne perdons pas de vue que le cheveu est un produit de sécrétion et qu'il puise dans le point, j'ai presque dit dans le sol où il est implanté, ses sucs nourriciers. Par conséquent il ne répugne nullement d'admettre que, comme pour les produits de ce genre, il soit possible d'agir sur lui en agissant sur son appareil sécréteur. D'ailleurs, l'expérience a déjà prononcé. J'ai vu incontestablement l'emploi de certains topiques ralentir la chute des cheveux et même la suspendre, surtout quand il s'agissait de calvities récentes, n'ayant encore exercé que peu de ravages dans la chevelure.

Notre héroïne, sous ce rapport, se trouve dans les meilleures conditions, le mal chez elle étant tout à fait à son début. Ainsi la raie qui partage si gracieusement son front en deux moitiés n'a rien perdu de sa finesse. Il est vrai que, chez la femme, la calvitie commence rarement, comme chez l'homme, par le sommet de la tête : c'est plutôt par les tempes ; aussi cet état de la raie prouve-t-il peu. D'ailleurs comment se ferait-elle illusion, son peigne et sa brosse lui rapportant à tout instant des témoignages matériels par trop irrécusables ? Cependant, qu'elle ne s'en alarme pas outre mesure. On peut, je le répète, parvenir dans certains cas et par certains moyens à arrêter la chute des cheveux.

Mais peut-on plus encore ? Y aurait-il, par exemple, moyen de les faire repousser?

Les faire repousser! Voilà de ces questions qui, au lieu de provoquer un examen calme et approfondi, ont l'inévitable privilége d'être accueillies pour toute réponse par des caricatures et des épigrammes. Il semble qu'il n'y ait rien de plus divertissant que le spectale d'une jeune fille, d'une jeune femme qui voit ainsi s'effeuiller un à un le plus gracieux de ses ornements, et qui, hier encore, l'orgueil de nos salons, ne sera peut-être plus demain qu'une reine découronnée. Ah! on voit bien que vous n'avez jamais reçu, comme nous, médecins, les douloureuses confidences d'une mère ou d'un mari. Aussi, dussé-je provoquer une nouvelle explosion de plaisanteries, et celles-là à mon adresse, je n'hésite pas à prendre la question très au sérieux et à déclarer que j'ai vu quelquefois, sous l'influence d'une médication appropriée, le crâne se regarnir.

Seulement, entendons-nous. Je parle d'une médication appropriée, c'est-à-dire de topiques en rapport avec le principe même qui a produit ou qui entretient la calvitie, et non d'une recette unique s'adaptant à tous les cas,

Car cet heureux phénix est encore à trouver.

Je doute même qu'il se trouve jamais, ce qui conviendrait à telle chevelure ne pouvant nécessairement convenir à telle autre, si même il n'était contraire. Aussi remarquez que tous les prétendus spécifiques les plus vantés finissent tôt ou tard par tomber dans un même discrédit.

Ce qu'il faut donc pour réussir, c'est s'attacher à reconnaître tout d'abord la cause même de la calvitie. Là, en effet, se trouve, ainsi que nous allons le voir, la clé du traitement.

XII

UNE NOUVELLE RECETTE CONTRE LA CALVITIE.

Calvities par atonie du bulbe ; trois états particuliers du cheveu ; sa sécheresse ; son humidité ; son état pelliculaire ; cas singuliers de productions pileuses ; avantages de la quinine contre la calvitie ; supériorité de la cinkhonine ; c'est une substance nouvelle en parfumerie ; son emploi en pommade, lotion et poudre ; eaux minérales de Casciana.

La cause la plus ordinaire de la calvitie, et aussi la

plus accessible à nos traitements, est celle qui réside dans l'atonie du bulbe. Tel est heureusement le cas de notre héroïne. Je sais qu'elle ne veut y voir que l'effet du printemps dont précisément la saison commence; mais ne devrait-elle pas plutôt y voir l'effet de l'hiver dont précisément au contraire la saison finit? Pendant l'hiver, certaines exigences de la coiffure, imposées par la mode, ont soumis ses cheveux à des épreuves qui en ont fatigué et un peu ébranlé la racine. Il y a aussi l'influence de l'âge, car, encore bien qu'elle se trouve encore sur les confins de la jeunesse, il arrive un moment où l'on n'abuse plus avec la même impunité du théâtre, des bals et des concerts. Comment le lui faire comprendre sans la blesser? Il est vrai que ce qu'elle nous demande c'est beaucoup moins un sermon qu'un avis. Cet avis, bornons-nous donc à le lui donner; seulement il ne pourra lui être profitable qu'autant que nous le ferons précéder de quelques renseignements.

Trois états particuliers du cheveu peuvent surtout en amener la chute. Ce sont: sa sécheresse, son humidité, son état pelliculaire.

Sa sécheresse. Le follicule, au lieu de pomper les sucs qu'il doit transmettre à la tige, se trouve comme paralysé dans ses fonctions absorbantes. Il en résulte une sorte de déssèchement et d'aridité de la chevelure, comme on l'observe pour l'arbre qui a perdu de sa séve. C'est là une cause assez fréquente de calvitie.

Son humidité. Une cause plus fréquente est celle qui réside dans ce qu'on appelle « l'état gras du cheveu. » Ici c'est moins le bulbe qui est frappé d'atonie que ce n'est le cuir chevelu lui-même. Il s'opère alors à sa surface une sorte de suintement glutineux qui mouille les cheveux, les colle et leur donne un aspect terne et mat, au lieu de ces reflets brillants et doux qui sont l'indice de la santé.

Son état pelliculaire. Ce n'est à vrai dire qu'une variété de la forme précédente. Ainsi le cuir chevelu se recouvre de petites farines qui, enveloppant le bulbe dans une sorte d'étui squammeux, s'opposent à sa nutrition. Vous aurez beau les enlever avec le peigne fin ou la brosse, leur facilité à se reproduire est quelque chose de tout à fait désespérant. Aussi ont-elles acquis une triste popularité sous le nom de « pityriasis. »

Voilà les trois formes les plus fréquentes de l'atonie bulbaire.

Quels seront maintenant les cosmétiques les plus aptes à combattre la calvitie qui en dépend? Évidemment ce seront les cosmétiques stimulants. Il est de remarque, en effet, que toute irritation entretenue pendant un certain temps à la peau a pour résultat d'imprimer à la sécrétion pileuse une activité singulière et même de la développer de toute pièce dans des points qui jusque là n'en avaient point offert de traces. Les auteurs sont remplis de faits de ce genre.

Bichat cite un homme du peuple dont le visage, à la suite d'une éruption erythémateuse, devint entièrement velu.

Boyer, dans son grand traité de chirurgie, dit

avoir vu nombre de fois l'emploi de vésicants sur les membres donner lieu à la production de poils très-longs et très-épais.

Bricheteau a publié l'observation d'une jeune femme dont tout le corps, à la suite d'une fausse couche, se couvrit de taches pourprées, lesquelles taches ne tardèrent pas à donner naissance à une sorte de duvet pileux tellement abondant que sa peau offrait l'aspect d'un manchon.

On lit dans les *Archives. générales de médecine* l'histoire d'un garçon de vingt ans dont l'épine dorsale, à la suite de pansements nécessités par une brûlure, se couvrit de poils d'une telle dimension qu'on aurait pu les comparer à une queue de cheval.

Enfin on a vu, et j'ai vu moi-même, des érysipèles amener l'apparition de cheveux sur des crânes qui, suivant l'expression vulgaire, étaient passés à l'état de « genou. » L'un de nos plus distingués confrères, le docteur M., nous en a offert, il y a trois ans, un exemple des plus remarquables, et, jusqu'à présent, cette espèce de regain a tenu bon.

On est donc parfaitement autorisé à conclure, par analogie, que certains topiques stimulants pourront être aptes à combattre la calvitie, en réveillant la vitalité du bulbe. Le tout est d'avoir la main heureuse dans ses choix.

Que de substances en effet n'a-t-on pas successivement vantées, puis délaissées, pour leur en substituer d'autres qu'on a, de même, abandonnées à leur tour! La liste en serait longue. C'est qu'ici, comme pour tout ce qui est remède, une extrême abondance de moyens indique presque toujours une extrême inanité de résultats, rien ne guérissant difficilement comme ce que tout est réputé guérir.

L'huile de ricin, le kirsch, le rhum, le tannin et les cantharides, tout en comptant encore des partisans, sont aujourd'hui bien moins en vogue qu'autrefois. La faveur est pour les préparations de quinquina. Ce sont également celles que je préfère, encore bien que toutes, y compris le sulfate de quinine, soient insolubles dans les corps gras, circonstance qui rend la tête plus difficile à nettoyer, et qui, de plus, amoindrit notablement leur action sur le bulbe, tout médicament agissant en raison directe de sa solubilité.

Aussi avais-je prié l'ancien chef des travaux chimiques de l'Académie impériale de médecine, dont le concours m'avait déjà été tant de fois utile dans les analyses des eaux minérales, de vouloir bien chercher quelque moyen de dissoudre la quinine elle-même dans une pommade, afin qu'elle en fît partie intégrante, au lieu d'y être simplement maintenue par suspension. Hâtons-nous de le dire, le savant académicien, qui adoptait parfaitement mon idée, résolut ce délicat problème de la manière la plus heureuse, et l'événement sembla devoir justifier de tous points nos prévisions. Ainsi les divers essais auxquels il se livra et ceux que je tentai moi-même, ne laissèrent pas plus de doute dans son esprit que dans le mien sur l'utilité de cette nouvelle pommade. Toutefois, je ne tardai pas à m'apercevoir que l'excitation qu'elle provoquait ne se maintenait pas toujours dans une sage mesure, d'où résultaient de la cuisson et des rougeurs, et cela sans compensation équitable du côté de la « recapillation. » C'est alors que j'eus l'idée d'essayer de la cinkhonine.

J'ai dit ailleurs (page 280) les motifs qui me font généralement préférer, comme moyen tonique, la cinkhonine à la quinine. Il était donc très-présumable qu'elle égalerait au moins ici les qualités de cette dernière; or l'expérience m'a appris qu'elle les dépasse, en ce sens surtout que je ne l'ai jamais vue irriter le cuir chevelu.

Les topiques à la cinkhonine dont je me suis servi ont été préparés, comme pour mes premiers essais, par M. Piver. Ce sont : une pommade, une lotion et une poudre.

La *pommade* convient quand la chevelure est naturellement sèche. On en imprègne, le soir, la racine des cheveux, puis on entoure la tête d'une coiffe, de manière à y entretenir une chaleur uniforme et à favoriser ainsi la montée de la séve. Avoir grand soin, le matin, de peigner les cheveux au démêloir et au peigne fin, de les brosser et les ventiler.

La *lotion*[1] doit être préférée pour les chevelures naturellement grasses ou dont on craint d'exagérer, par un topique gras, le brillant naturel. Même emploi que pour la pommade, avec laquelle il est bon parfois de la faire alterner.

---

1. Je ne saurais, en fait de lotions, omettre l'excellente *eau anti-pelliculaire* du docteur Walter, que nous a fait connaître, à Paris, la pharmacie Hauduc (rue Basse-du-Rempart, 64).

Quant à la *poudre*, elle constitue un puissant détersif et est tout particulièrement utile vers la fin de la cure pour tonifier le cuir chevelu. Je ne puis du reste que renvoyer pour plus de détails à ce que j'en ai dit dans le chapitre où je traite de la « poudre pour les cheveux » (page 279).

J'abrége, car nous sommes depuis un instant tellement en plein dans les régénérateurs et les philocomes que je crois sentir autour de moi comme une sorte d'odeur de tubéreuse et de patchouly. Pourquoi même, ne fût-ce qu'à titre de diversion, ne nous transporterions-nous pas près de l'un de ces laboratoires si éminemment hygiéniques, où la nature, elle aussi, prépare de précieuses recettes qui, sous le nom de sources minérales, peuvent de même être utiles à la chevelure? J'en ai déjà parlé dans la partie de mon *Guide* où je traite des eaux de Casciana, près de Florence. Qu'il me soit permis d'en extraire les passages suivants :

« Ces sources doivent leur découverte à une aventure quelque peu légendaire qui remonte à la fin du onzième siècle, et dont le héros n'est autre que le merle favori de la fameuse comtesse Mathilde. Ce merle, racontent les chroniqueurs, avait vu successivement tomber toutes ses plumes, et dans sa confusion, il s'était retiré au fond d'un marécage. Là, un secret instinct, ou peut-être l'excès même du désespoir, le firent se rouler chaque jour dans le limon des eaux. Bientôt, ô prodige! tout son corps se recouvrit d'un épais duvet. Ce duvet grandit, devint plume, et plume d'un si beau noir, qu'au bout de trois semaines d'absence, l'oiseau revint chez sa maîtresse plus éclatant que jamais. Il produisit, on le comprend, une vive sensation. Comme on avait épié ses démarches, les mérites de la cure furent généralement rapportés à la source qui avait passé jusqu'alors pour une eau croupissante et malsaine : aussi s'empressa-t-on d'y organiser des bains. Inutile d'ajouter que les dames de la cour dont la chevelure, par ses avaries, rappelait plus ou moins les infortunes du merle, furent les premières qui en firent usage. Le résultat, je le crains bien, trompa quelque peu leur attente ; mais en revanche elles ne tardèrent pas à se sentir plus agiles et plus fortes. Ainsi fut fortuitement révélée l'action tonique des eaux de Casciana. »

Les médecins de cette station thermale m'ont reproché, non sans quelque amertume, ni peut-être sans quelque raison, la petite pointe d'incrédulité qui perce vers la fin de ces lignes. Il est de fait que, mieux informé aujourd'hui de l'état de ces questions, par suite de mes études sur les cosmétiques, je ne tiendrais pas complétement le même langage. En effet, il ne répugne nullement d'admettre qu'au milieu de cette impulsion communiquée par les eaux à l'ensemble de l'organisme, le cuir chevelu n'en reçoive sa part d'activité, laquelle se traduira par un accroissement plus ou moins marqué de sa force de végétation. C'est donc une dernière ressource que nos Parisiennes pourront utiliser, surtout celles qui ont besoin d'une médication reconfortante. Et comme les eaux minérales de Casciana ne doivent

en définitive leur spécifité contre la calvitie qu'au
fer qui les minéralise, il n'est pas nécessaire d'aller
jusqu'en Toscane pour en trouver d'autres dont on
puisse attendre les mêmes miracles [1].

XIII

FAUX CHEVEUX.

Ce qu'un crâne bien fourni contient de cheveux; poids de la
chevelure d'Absalon; douloureux sacrifice; préférer les ciseaux au rasoir; sortie de Tertullien contre les faux cheveux;
leur défense; du danger d'en abuser.

Si, après avoir vainement tout épuisé, notre héroïne continue de perdre de ses cheveux, on ne
manquera pas de lui conseiller de se les faire couper
entièrement. Mieux vaut qu'elle se contente d'abord
de se les faire rafraîchir, comme on émonde un arbre
dont on veut ménager la séve. Beaucoup de femmes,
à cet égard, ont le tort de céder à une véritable pa-
nique, car enfin si des cheveux tombent, d'autres
repoussent, et ce n'est en définitive que quand cette
sorte d'équilibre se trouve par trop rompu qu'il faut
se résigner à un parti aussi extrême. Or, on a singulièrement de marge devant soi.

Savez-vous ce qu'un crâne bien fourni contient, en

1. Spa et Schwalbach pourront d'autant mieux rivaliser avec
Casciana que cette dernière station thermale n'offre pas beaucoup plus de distractions aujourd'hui qu'à l'époque où elle
comptait pour unique baigneur le merle de la comtesse Mathilde.

moyenne, de cheveux? En voici le relevé d'après les récents calculs d'un allemand non moins patient qu'érudit :

Blonde...................... 140 419 cheveux
Brune...................... 109 440   —
Noire...................... 102 962   —
Rousse...................... 83 740   —

Ainsi rien n'y manque, pas même les fractions.

Notre savant s'est de plus assuré que ces quatre chevelures, quoique inégales en quantité, étaient à peu près égales en poids, l'infériorité numérique se trouvant compensée par un excès d'épaisseur du cheveu. Le poids moyen de la chevelure d'une femme serait d'environ 450 grammes.

Je lisais, dernièrement aussi, dans le livre d'un autre savant encore plus en *us* que le premier, que la chevelure d'Absalon pesait près de 900 grammes. Je n'en doute pas un seul instant; toutefois, me sera-t-il permis de m'enquérir comment on a pu se procurer de si curieux détails? Est-ce d'après des documents personnels, des mémoires posthumes, voire même des papiers de famille?

Mais enfin il peut se faire que notre héroïne, à force de perdre de ses cheveux, se voie forcée de sacrifier momentanément ce qui en reste pour sauver le tout. Qu'elle préfère alors les ciseaux au rasoir, le rasoir ayant l'inconvénient de pénétrer quelquefois jusqu'à l'intérieur du follicule pileux et d'en compromettre la vitalité.

La voilà donc tondue.... Tant de succès et surtout

tant d'imprudences ont abouti à la fatale nécessité des chevelures postiches ! Heureusement, et ce n'est pas là de notre part une consolation banale, l'art de les ajuster est arrivé aujourd'hui à un tel degré de perfection que ce n'est réellement plus la peine d'avoir de beaux cheveux naturellement. Aussi ne serais-je pas surpris que déjà, sans nécessité aucune et à titre de simple renfort, elle eût pris les devants, en en portant de faux.

C'est du reste chose tellement passée dans nos usages, j'ai presque dit dans nos mœurs, que Tertullien lui-même ne serait pas beaucoup mieux écouté ici qu'il ne le fut à Carthage ou à Rome, alors qu'il adressait aux chrétiennes de son temps cette foudroyante apostrophe : « Rougissez au moins de mettre sur votre tête, sanctifiée par le baptême, les dépouilles de quelque misérable qui a croupi honteusement dans les bagnes, ou de quelque scélérat qui a expié ses crimes sur l'échafaud. »

Voilà certes un beau mouvement oratoire. Et cependant en est-il beaucoup parmi nos élégantes qui voulussent s'avouer convaincues? Heureux encore si, retournant l'argument, elles ne faisaient pas remarquer que ce ne sont plus les forçats ni les suppliciés qui approvisionnent nos coiffeurs, mais bien celles de nos provinces où règne le plus de moralité : la Normandie, l'Alsace et la Bretagne. D'où il résulterait que de pareils cheveux devraient bien plutôt être un précieux talisman.

Mais pourquoi recourraient-elles ainsi à des échappatoires, alors qu'il leur serait si facile de se justifier par de bonnes, par d'excellentes raisons ? Car enfin, la chevelure n'est pas seulement un ornement ; elle constitue de plus une enveloppe protectrice du crâne. De même qu'elle prévient de trop brusques refroidissements en maintenant autour de la tête une chaleur douce et uniforme, de même aussi elle s'oppose à une trop grande caloricité, en amortissant ou, si l'on veut, en tamisant l'action des rayons solaires. Que de fois sa perte a déterminé des maux de tête, de gorge ou d'oreilles, et surtout des maux d'yeux[1] ! Il peut donc être réellement utile d'y suppléer par des emprunts artificiels.

Sachez toutefois mettre une certaine réserve dans ces emprunts. Les cheveux naturels ont toujours plus ou moins de tendance à faire mauvais ménage avec les chevelures postiches et, par le fait de cette incompatibilité, ils repoussent mal ou tombent facilement.

Évitez également d'employer aucun ressort pouvant comprimer assez les vaisseaux pour nuire à la nutrition des follicules qui restent, ou aucune matière agglutinative de nature à irriter ou même à enflammer le cuir chevelu.

Enfin que nos jeunes femmes, et surtout que celles qui commencent à ne plus l'être, me permettent encore un conseil. Le grand art consiste ici à manœuvrer prudemment et à ne point prétendre, avec un simple taillis, simuler une forêt de cheveux. N'allez

---

1. Dans toutes les maisons religieuses où la règle exige que la tête soit rasée, à la Trappe, par exemple, l'affaiblissement prématuré de la vue est un fait tellement constant qu'il est passé à l'état d'observation vulgaire.

pas l'oublier ; nous apercevons toujours plus ou
moins les tiges qui supportent les rameaux, et, si
vous multipliiez par trop les feuillages, nous recon-
naîtrions de suite que votre tête se trouve surchargée
d'une végétation impossible.

XIV

ÉPILATOIRES.

Exhaussement du front ; suites d'une mauvaise plaisanterie ;
ce qu'est un épilatoire ; rusma des orientaux ; sa recette telle
qu'on l'emploie au sérail ; poudre de la Forest ; poudre de
Boudet ; comment on se dépile maintenant dans les harems ;
Circé et les compagnons d'Ulysse ; pince à épiler.

Je ne prévoyais point devoir, à propos de notre
héroïne, aborder le chapitre des épilatoires, ceux-ci
ayant surtout pour objet d'obtenir ce que, par un
hardi néologisme, MM. les perruquiers appellent
« l'exhaussement du front. » Or, chez elle, les cheveux encadrent et couronnent le visage d'une manière si gracieuse, qu'elle ne saurait vouloir, à leurs
dépens, en agrandir l'ovale. D'ailleurs elle a trop
d'esprit pour ne pas savoir que ces grossiers strata-
gèmes ne trompent personne, et que même ils tendraient plutôt à justifier le dicton qui veut « qu'un
front étroit loge en général des idées étroites. »
Voyez pourtant ce que peut une plaisanterie, même
adressée sans intention de blesser ! Elle songe aux
épilatoires depuis qu'une de ses amies qu'elle avait
un peu perdue de vue, lui a dit dernièrement, en la

rencontrant, « qu'elle avait actuellement de la barbe comme un *sapeur*. » Le mot devait, ce semble, d'autant moins l'impressionner, que cette prétendue barbe n'est même pas une barbiche : c'est un simple duvet qui a, de tous temps, ombragé sa lèvre supérieure, sauf qu'aujourd'hui il est un peu plus apparent qu'autrefois. Mais n'importe. L'idée ne la quitte plus. C'est au point que, se trouvant dernièrement sur le passage d'un régiment que précédaient des sapeurs véritables, il lui sembla qu'ils la regardaient d'un air qui voulait dire qu'elle aussi serait digne de s'enrôler dans leur bataillon d'élite.

J'aime à croire qu'elle finirait par ne plus songer à ces enfantillages. Et cependant il est peut-être prudent qu'elle sache dès maintenant ce que c'est qu'un épilatoire.

Un épilatoire a toujours pour base des substances plus ou moins caustiques. Je citerai comme exemple le fameux *rusma* des Orientaux, dont toutes nos préparations et, entre autres, la poudre si vantée de La Forest, ne sont que l'imitation ou la copie. En voici la recette, telle qu'elle m'est envoyée de Constantinople par un de nos anciens internes en pharmacie, chargé aujourd'hui de l'approvisionnement du sérail :

« C'est un mélange de chaux vive et de sulfure d'arsenic, que l'on a fait bouillir dans une lessive fortement alcaline. Pour l'essayer, on y plonge une plume : si les barbes s'en détachent, c'est qu'il est à point. On y ajoute alors un peu d'amidon pour en faire une pâte que l'on applique sur les parties velues que l'on veut rendre nettes. En quelques minutes, l'effet est produit. »

Je n'ai certes pas de peine à le croire. Trouvez donc, soit en Turquie, soit en France, des cheveux ou des barbes qui puissent résister à de pareils topiques ! Seulement je me permettrai de demander ce que devient la peau au milieu de tout cela. Votre rusma a beau être l'épilatoire favori des sultanes, il n'en devra pas moins se comporter comme un agent inintelligent et brutal. On m'assure qu'à Constantinople la grande habitude de s'en servir fait que son emploi est à peu près inoffensif : à Paris alors nous sommes moins habiles, car on a vu nombre de fois ces épilatoires devenir l'occasion d'accidents très-sérieux.

Sans doute on les prévient en partie en remplaçant, comme dans la poudre dite de « Boudet, » le sulfure d'arsenic par le sulfure de sodium. Mais cette poudre, à cause surtout de la présence de la chaux, constituera toujours un violent caustique de nature à laisser sur la peau des cicatrices difformes.

Nous venons de dire qu'à Constantinople l'emploi de ces préparations est habituellement inoffensif par suite de la grande habitude que l'on a de les manier. Il faut bien cependant qu'on leur ait reconnu aussi d'assez graves inconvénients, puisqu'on s'occupe aujourd'hui d'essayer de leur en substituer d'autres. M. Gastinel, professeur de chimie à l'École de médecine du Caire, et orientaliste d'un grand talent, me disait, lors de son dernier voyage à Paris, que le mode d'épilation le plus en usage actuellement dans les harems, est le suivant :

« On fait fondre et bouillir dans un vase de terre du galipot et de la cire jaune, de manière à obtenir un mélange semi-liquide. Ce mélange on l'applique sur la peau, quand il est encore tiède, et on l'y laisse jusqu'à complet refroidissement. Devenu ainsi une sorte d'emplâtre où les poils s'agglutinent, on l'arrache, et les poils avec, à l'aide d'un fil fortement tendu que l'on promène, par un mouvement de va-et-vient, sur les points où a porté son action. Mais comme cette action, surtout doublée du raclage, ne laisse pas que d'être irritante, on recouvre les parties épilées d'une fomentation faite avec du blanc d'œuf et de la céruse, puis on enlève le tout par un lavage à grande eau. »

Ce procédé n'est autre, on le voit, que celui de la « calotte, » si employé autrefois en France pour le traitement de la teigne.

Puisqu'il s'agit de l'Orient, ce pays des merveilles, pourquoi ne rappellerais-je pas la méthode que Circé employa sur les compagnons d'Ulysse, après la déplorable métamorphose que tout le monde connaît ? « Elle les fit entrer, dit Homère, dans une salle toute parfumée, puis, allant de rang en rang, elle les oignit d'une huile magique. Soudain s'évanouirent de tous leurs membres les soies dont les avait hérissés un breuvage funeste, et leur peau reprit à l'instant plus de jeunesse et plus de beauté. »

Voilà de ces épilatoires comme je les comprends ; retrouvez la recette de celui-là, et je serai le premier à en proner l'usage.

Malheureusement, ceux dont nous disposons sont

loin d'avoir cette efficacité; aucun même, on peut
le dire, n'est exempt de dangers. Pourquoi dès lors
en courir les chances en vue d'un si mince résultat,
ou même d'un résultat tout autre que celui qu'on
vous promet? Car enfin, avec quelque obstination
que vous détruisiez le cheveu extérieurement, vous
ne l'empêcherez jamais de continuer de vivre dans
sa racine; par suite, la partie dénudée de la peau
ne saurait tarder à se recouvrir d'une nouvelle végétation, laquelle, comme cela arrive constamment,
deviendra d'autant plus touffue que vous en répé-
terez davantage les coupes. Mieux vaut encore,
croyez-moi, ne rien faire ou s'en tenir simplement
à la classique pince à épiler.

XV

NOS PARISIENNES SONT DE VÉRITABLES MITHRIDATES.

Joujoux contenant du cuivre et du plomb; bonbons empoi-
sonnés; fleurs et écharpe colorées par l'arsenic; une tunique
de Nessus; boudoir saturé de poisons; santé parfaite.

Au moment de clore ce qui se rattache aux cosmétiques de notre Parisienne, une chose peut-être
doit nous étonner, c'est qu'elle soit encore en vie,
tant nos parfumeurs semblent avoir pris à tâche
d'approprier à ses usages la science des Locuste et
des Brinvilliers. Et pourtant elle y a résisté! C'est
que, comme pour Mithridate, sa constitution y a été
préparée de longue main et qu'elle a fini, de même,

par acquérir une immunité véritable. Un rapide coup d'œil jeté sur son passé nous prouvera qu'effectivement on l'a élevée, dès ses jeunes ans, à ce qu'on pourrait appeler « l'école des poisons. »

Enfant, ses joujoux ont été un mirliton, une poupée ou même une trompette. Or le mirliton doit ses enjolivements verts à l'arsénite de cuivre ; la poupée, sa blancheur éblouissante à la céruse ; enfin toute trompette, pour mieux ressembler à celle des soldats, a son embouchure peinte en jaune avec le chromate de plomb, ou en rouge avec l'oxyde du même métal. Convenez que ce n'est déjà pas trop mal pour un début. Et les bonbons ! De son temps, on les colorait avec les mêmes substances que les joujoux, de telle sorte qu'ils offraient les mêmes dangers. C'est depuis quelques années seulement, et à la suite d'une enquête ayant révélé de nombreux cas d'intoxication, qu'une ordonnance de police a défendu à tout confiseur d'employer désormais d'autres teintures que des teintures végétales, reconnues inoffensives. On n'a donc plus à redouter, aujourd'hui, que des indigestions simples[1] : celles-là n'en parlons pas, car il est bien à craindre que, de longtemps encore, elles ne bravent tous les décrets de l'autorité.

---

1. Et encore a-t-on vu tout récemment des confitures déterminer de graves accidents d'empoisonnement. Voici comment le fait s'explique : Les épiciers sont dans l'usage de casser leur sucre sur des macarons de plomb, le bois étant trop élastique et la pierre trop friable ; il en résulte que des parcelles de ce métal, détachées par le marteau, se mêlent aux débris du sucre. Or, c'était avec ces débris qu'avaient été préparées les confitures en question.

Arrive le moment où elle va être en âge d'aller au bal. Comme une jeune fille

De superbes rubis ne charge point sa tête,

une main, pour la première fois peut-être imprévoyante, celle de sa mère,

Cueille en un champ voisin ses plus beaux ornements.

J'ai dit « imprévoyante. » C'est que nous ne sommes plus, hélas! au bon temps des mœurs pastorales. Ce champ, par conséquent, n'est autre que quelque magasin en renom, et par suite il ne saurait produire que des fleurs artificielles, lesquelles empruntent leur teinte verte à un sel d'arsenic. Ainsi, pendant toute une soirée, le front et les tempes de la jeune fille seront en contact avec un poison des plus terribles! Peut-être même, au sortir du bal, lui jettera-t-on sur les épaules encore moites, par conséquent très-aptes à absorber, une écharpe également teinte en vert à l'aide du même sel.

Quelques années de plus et elle devra se marier. Or, qui dit mariage dit forcément corbeille, celle-ci n'en étant que le gracieux avant-coureur. Est-ce que par hasard un agent vénéneux quelconque parviendrait de même à s'y glisser? Le fait suivant nous tiendra lieu de réponse.

Je fus appelé dernièrement près d'une jeune personne qui, la veille même du jour où on devait la conduire à l'église, se trouvait prise d'accidents rappelant ceux d'un empoisonnement par le plomb. J'eus beau la questionner sur l'emploi de son temps, sur ce qu'elle avait touché, mangé ou bu, je n'appris rien de nature à m'éclairer. Sa mère me dit même qu'elle n'avait pas quitté l'appartement de la journée, occupée qu'elle était à passer en revue les divers cadeaux que je voyais étalés dans sa chambre. M'étant approché un peu machinalement de magnifiques volants de dentelle qui étaient encore dans leur carton, et les ayant soulevés pour mieux en admirer le travail, j'en vis sortir une poussière blanchâtre qui me donna de suite le mot de l'énigme. Cette poussière, en effet, ne pouvait être que du carbonate de plomb, par suite de l'usage où l'on est en Belgique de blanchir la dentelle, non pas en la lavant, ce qui lui ôterait de son prix, mais en y incorporant de la céruse par le battage. Notre fiancée s'était donc assimilé cette céruse, soit en la respirant, soit en la portant à ses lèvres avec les doigts. Heureusement les accidents étaient de trop fraîche date pour résister longtemps à un traitement approprié. Toujours est-il que de simples volants faillirent transformer une robe de noce en une tunique de Nessus.

Il me serait facile de multiplier ces exemples, à propos de notre héroïne. Ainsi, c'est l'arsenic qui colore en vert les bougies, les papiers et les tentures de son boudoir ; il colore de même en vert la cire et les pains qui servent à cacheter ses lettres ; enfin, c'est encore à l'arsenic qu'est due la teinte verte de sa robe de tarlatane. Et cependant, au milieu de cette atmosphère de poisons, elle semble gaie, rieuse, bien portante ! J'avais donc raison de le dire : « Nos Parisiennes sont de véritables Mithridates. »

XVI

LES COSMÉTIQUES DEVANT L'ACADÉMIE DE MÉDECINE.

Discussion sur les dangers de certains cosmétiques; anomalie dans la vente des poisons; proposition de réclamer le contrôle de l'autorité; arguments pour; arguments contre; objections plaisantes; deux exemples empruntés à l'histoire d'Angleterre; adoption par l'Académie; rejet par le ministre; impunité assurée à la fraude.

Ainsi nos parfumeurs, en ajoutant à leurs produits divers agents vénéneux, ne font qu'imiter les autres industries.

Puisque le mal est si général, en conclurons-nous qu'il est sans remède et qu'il ne reste plus qu'à en prendre philosophiquement son parti? Tel n'a pas été l'avis de l'Académie impériale de médecine, lors d'une discussion provoquée récemment dans son sein par diverses communications sur les dangers de certains cosmétiques. Plusieurs de ses membres, et de ses membres les plus autorisés, étant venus tracer l'effrayant et douloureux tableau des nombreux cas d'empoisonnement que leur offrait chaque jour leur propre clientèle (car ces choses-là se voient rarement dans les hôpitaux), l'Académie jugea le danger assez sérieux pour qu'elle dût réclamer l'intervention de l'autorité supérieure. Elle s'appuya principalement sur l'étrange anomalie que voici : Tandis que défense est faite à tout pharmacien de laisser sortir de son officine aucune substance vénéneuse sans ordonnance de médecin et sans y avoir joint une bande rouge, en guise d'étiquette d'alarme, tout parfumeur, au contraire, peut délivrer de son propre chef ces mêmes substances à titre de cosmétiques ; au besoin même il les décorera de faux noms qui, nous l'avons vu, équivalent à autant de certificats d'innocuité. N'est-ce pas là une contravention flagrante aux lois qui régissent la vente des poisons ? N'est-ce pas là surtout un odieux mensonge ?

Aussi l'Académie proposa-t-elle à l'administration « de faire visiter de temps en temps les laboratoires et magasins des parfumeurs par les écoles de pharmacie ou par les conseils d'hygiène, à l'effet de prélever des échantillons des cosmétiques et de les soumettre à l'analyse. »

Toutefois, je dois le dire, ces conclusions ne passèrent pas sans une opposition assez vive. On fit remarquer d'abord que, réclamer ainsi une même surveillance pour toute espèce de cosmétiques, c'était pousser le zèle par trop loin, car il s'en faut qu'ils méritent tous une égale sollicitude. Qu'importe, par exemple, à la chose publique qu'une vieille coquette soit quelque peu punie par où elle a péché ! Prévenez-la que les fards contiennent habituellement des poisons et vous serez plus que quittes envers elle ; il est même bon de la laisser à cet égard dans un certain vague, la crainte devant avoir sur son esprit plus d'empire que la raison. Puis un poison ne doit souvent être réputé tel que parce qu'on l'emploie mal à propos ou qu'on n'a pas su en calculer les doses : manié intelligemment, il pourra devenir un agent

précieux, voire même un agent hygiénique. Ceci est
si vrai que l'application de la chimie aux arts industriels ne repose pas sur d'autre principe. Pourquoi,
enfin, mettre ainsi en suspicion toute une classe de
produits, lesquels constituent l'une de nos richesses
nationales[1] ? C'est oublier que dans le nombre il en
est d'excellents, et que ce serait les frapper, à l'étranger surtout, d'une défaveur imméritée.

On aborda ensuite un autre ordre d'objections
dont la forme piquante ne fit que mieux ressortir les
difficultés pratiques de ces interventions officielles.
Prenez garde, s'écria-t-on : il n'y a pas que les cosmétiques qui intéressent la santé générale. Quoi de
plus dangereux, par exemple, qu'un corset qui comprime la poitrine, la déforme et met ainsi obstacle
au jeu des organes respiratoires? Il faudra donc,
pour être conséquente avec elle-même, que l'autorité réglemente la force des élastiques, la résistance
des baleines et la courbure des buscs. Et la chaussure, n'est-ce pas pitié de voir comment on se mu-
tile les pieds en s'obstinant à la porter trop étroite?
Pour être logique jusqu'au bout, l'autorité devra
donc réprimer avec la même énergie cet envahisse-
ment des empeignes et des tiges. Voilà pourtant où
conduit cette intervention protectrice de l'État.

A ceux qui n'auraient voulu voir dans un pareil
ordre d'arguments qu'une plaisanterie un peu forcée,
sans applications sérieuses, on aurait pu répondre

---

1. Le commerce de la parfumerie s'élève annuellement, rien
que pour Paris, à une somme de près de 100 millions.

par les deux faits suivants, empruntés à l'histoire d'Angleterre.

Sous Elisabeth, parut une loi portant que « le désir naturel qu'ont les sujets de Sa Majesté de posséder son portrait ayant engagé un grand nombre de peintres, graveurs et autres artistes à en multiplier les copies, il avait été reconnu qu'aucune de ces copies n'était parvenue à rendre, dans leur exactitude, les beautés et les grâces de Sa Majesté. Aussi nommera-t-on des experts pour juger de la fidélité des œuvres, avec injonction de n'en tolérer aucune laissant voir des défauts ou imperfections dont, par la grâce de Dieu, Sa Majesté est exempte. » (Voilà de pauvres artistes que je plains de grand cœur, car on sait, au contraire, que Sa Majesté n'était rien moins que belle.)

En 1770, le Parlement promulgait un bill dans lequel il était dit : « Toute femme de tout âge et de toute condition, vierge, fille ou veuve, qui aura trompé et entraîné au mariage un sujet de Sa Majesté à l'aide de parfums, faux cheveux, fausses hanches, buscs d'acier, souliers à talons ou autres manœuvres déloyales, encourra les peines portées contre la sorcellerie et le mariage sera déclaré nul et non avenu. » (Ce bill n'était du reste que l'érection en loi des motifs qu'Henri VIII, trompé, disait-il, par un portrait trop flatté d'Holbein, avait fait valoir pour répudier Anne de Clèves).

Mais enfin quelle que soit la valeur de ces objections, l'Académie en fut médiocrement touchée puisqu'elle sanctionna le projet de contrôle par son

vote. De son côté, le ministre lui fit répondre que
« ces moyens préventifs ne tendraient qu'à multiplier les occasions d'intervention dans les affaires
privées, et que c'était là une tendance à laquelle
l'administration ne saurait adhérer. »

Ainsi point de contrôle : partant point de répression.

Je dis « point de répression. » Sans doute la loi
punit toute tromperie sur la nature et la qualité de
la chose vendue, mais il semble que les cosmétiques
aient le privilége de braver aussi impunément les
foudres de la législation que celles de la Faculté.
Ainsi, il y a peu d'années, eut lieu un gros procès
à propos d'accidents graves d'empoisonnement survenus chez plusieurs comédiens et comédiennes par
l'emploi de fards à base de plomb. Rien n'y manqua
pour en accroître le retentissement : expertise mé-
dico-légale ; rapport ; contre-rapport ; déposition
des victimes ; plaidoiries passionnées, enfin condam-
nation des prévenus à la prison et à l'amende. Voilà,
certes, qui devait donner grandement à réfléchir.
Oui, sans doute ; mais plus tard intervint un arrêt
de la cour impériale prononçant un acquittement
sans réserve, motivé principalement sur ce que la
céruse n'est point classée parmi les substances vénéneuses.

Semblable échec est de nature à tempérer bien
des velléités de réclamations devant les tribunaux.
D'ailleurs, fût-on sûr de réussir, qui donc, en dehors du monde des théâtres, ira ainsi, de gaieté de
cœur, livrer son nom aux cent voix du journalisme

pour faire connaître que telle lotion lui aura brûlé la figure au lieu de la lui rajeunir, ou telle pommade dévasté les cheveux au lieu de les lui faire repousser? Le public, dont pourtant ici les intérêts sont en jeu, ne veut voir dans les causes de ce genre que leur côté plaisant ou ridicule. Aussi préfère-t-on généralement s'abstenir, suivant en cela la règle de conduite tracée par le poëte pour des circonstances bien autrement graves, puisqu'il ne s'agit de rien moins que d'infortunes conjugales :

La plainte est pour le fat, le bruit est pour le sot :
L'honnête homme trompé s'éloigne et ne dit mot.

XVII

CONCLUSIONS.

Chacun doit se protéger soi-même; triomphe des charlatans ; nécessité pour les médecins d'étudier les cosmétiques.

Ainsi la société se trouve forcément réduite à se défendre et à se protéger elle-même. Mais pour que cette défense et cette protection représentassent autre chose qu'un abandon pur et simple, il faudrait que chacun de ses membres fût assez chimiste pour pouvoir analyser lui-même tout produit suspect; il faudrait de plus qu'il eût à sa disposition le temps, les moyens et les appareils nécessaires pour ces délicates manipulations : toutes circonstances dont la réunion, impossible en tout pays, ne pourrait, surtout en France, être remplacée par rien. Je dis « surtout en France. » C'est qu'habitués que nous sommes à tout attendre de l'administration, nous manquons jusqu'ici de ces associations puissantes qui suppléent, en Angleterre, à l'initiative individuelle, et qu'y a naturellement multipliées la longue pratique du *self-government*. Et pourtant, même chez nos voisins, où l'intervention privée déploie tant d'activité et d'énergie, les abus ont fini par prendre de telles proportions, que la recherche des moyens d'y porter remède est devenue la grande préoccupation du jour.

Mais laissons de côté les théories et les systèmes pour ne nous occuper que du fait. Il est hors de doute que, chez nous, la société semble condamnée, plus que jamais, à rester à la merci du premier charlatan venu, possédant l'art, qui s'acquiert si vite, de joindre à l'audace l'adresse de la réclame. Eh bien! non, il n'en sera pas ainsi. N'oublions pas, nous autres médecins, que nous avons charge d'âmes, en ce sens que rien de ce qui touche à la santé publique ne saurait nous trouver ni désarmés ni indifférents. L'autorité elle-même, alors qu'elle nous choisit comme experts ou comme arbitres dans tous les cas litigieux de ce genre, ne semble-t-elle pas vouloir, par le caractère même du mandat qu'elle nous confie, nous rappeler ce que la société est en droit d'attendre de notre vigilant concours? C'est donc à nous de nous renseigner sur la nature, la composition et les qualités des divers cosmétiques, j'ajouterai même sur les maisons qui nous offrent, à cet égard, le plus de garanties, afin que, devenus aptes à distinguer le bon grain de l'ivraie, nous puissions guider sûrement qui nous consulte.

Si, dans le triage que je viens d'essayer de faire de ces cosmétiques, je me suis montré avare d'éloges, c'est un peu par opposition à la prodigalité regrettable de tant de panégyristes qui les dotent trop souvent de qualités imaginaires. C'est aussi que la manière dont j'avais, dès le début, envisagé mon sujet, me donnait forcément un rôle de critique. Ce rôle, je m'étais promis de m'en acquitter avec réserve; je crois y avoir réussi. N'aurais-je pas pu, par exemple, au lieu de m'en tenir à de simples indications générales qui, par cela même qu'elles laissent planer le soupçon sur chacun et sur tous, n'atteignent pas suffisamment les vrais coupables, n'aurais-je pas pu, dis-je, désigner nommément telle ou telle préparation, rectifiant ainsi par la publicité les erreurs que cette même publicité propage et accrédite? Je ne l'ai pas voulu. Mais ce que je n'ai pas fait aujourd'hui, je ne prends point pour cela l'engagement de ne pas le faire un jour. Qu'importent les ennuis de toute nature (j'en sais déjà quelque chose) que de semblables révélations doivent nécessairement susciter à quiconque les dénonce à l'opinion abusée! Il est des cas où parler est un devoir, et jamais médecin, ayant la conscience de sa mission, ne s'inspirera de cet aveu égoïste de Fontenelle : « Si j'avais la main pleine de vérités, j'hésiterais à l'ouvrir. »

FIN.

TABLE DES MATIÈRES.

DEUXIÈME PARTIE.

TROISIÈME PARTIE.

FIN DE LA TABLE DES MATIÈRES.

PARIS. — IMPRIMERIE GÉNÉRALE DE CH. LAHURE,
Rue de Fleurus, 9.